世界两栖动物图鉴

［日］海老沼刚 著
［日］川添宣广 摄·编
马 鑫 译

人民邮电出版社
北 京

图书在版编目（CIP）数据

世界两栖动物图鉴 /（日）海老沼刚著 ；（日）川添
宣广摄、编 ；马鑫译. -- 北京 ：人民邮电出版社，
2022.3
ISBN 978-7-115-58296-6

Ⅰ. ①世⋯ Ⅱ. ①海⋯ ②川⋯ ③马⋯ Ⅲ. ①两栖动
物—世界—图集 Ⅳ. ①Q959.5-64

中国版本图书馆CIP数据核字（2021）第259931号

版权声明

内 容 提 要

　　本书为世界范围内的两栖动物图鉴，书中收录了无尾目、有尾目、蚓螈目近300种物种的基础科普知识。文字介绍了各物种的分布地、常见体型、生活习性等，并配有大量的实拍照片，书中提供了各物种的中文名和拉丁学名，可供相关从业者和爱好者查阅、学习、欣赏。书中还介绍了一些物种的养护方法，并通过专栏介绍了两栖动物的相关小知识。

　　本书适合喜欢两栖动物、想要了解两栖动物以及对动物科普感兴趣的读者阅读。

◆　著　　　　　［日］海老沼刚
　　摄 / 编　　［日］川添宣广
　　译　　　　　　马 鑫
　　责任编辑　　魏夏莹
　　责任印制　　周昇亮
◆　人民邮电出版社出版发行　　北京市丰台区成寿寺路 11 号
　　邮编　100164　　电子邮件　315@ptpress.com.cn
　　网址　https://www.ptpress.com.cn
　　天津图文方嘉印刷有限公司印刷
◆　开本：787×1092　1/16
　　印张：16　　　　　　　　　　2022 年 3 月第 1 版
　　字数：410 千字　　　　　　　2022 年 3 月天津第 1 次印刷
　　著作权合同登记号　图字：01-2019-5313 号

定价：218.00 元
读者服务热线：**(010) 81055296**　印装质量热线：**(010) 81055316**
反盗版热线：**(010) 81055315**
广告经营许可证：京东市监广登字 20170147 号

003

目录

目录

世界两栖动物图鉴

前言
奥享

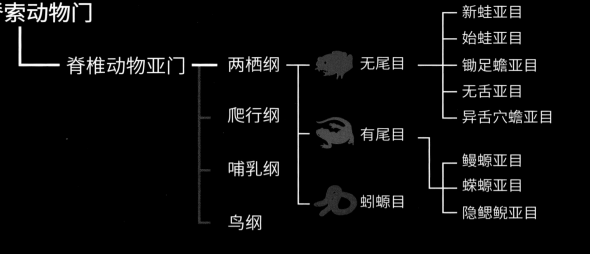

索动物门

脊椎动物亚门 —— 两栖纲 —— 无尾目 —— 新蛙亚目
                              始蛙亚目
                              锄足蟾亚目
                              无舌亚目
                              异舌穴蟾亚目

                        有尾目 —— 鳗螈亚目
                              蝾螈亚目
                              隐鳃鲵亚目

                        蚓螈目

             爬行纲

             哺乳纲

             鸟纲

　　与生活在水中的鱼类相比，古生代出现的两栖动物有些许进化，它们是最早一批适应陆地生活的脊椎动物。两栖动物对于生存环境的依赖性很强，因此它们往往会与栖息地环境的变化共进退。两栖动物是变温（外温）动物，其体温会随着环境温度的变化而变化。今天，两栖动物广泛分布在从热带到寒带的广大区域内，其中，分布在温带及寒冷地区的两栖动物有冬眠的习性，分布在旱雨季分明地区的则有夏眠的习性。

　　虽然人们经常把两栖动物和蛇、蜥蜴、龟等爬行动物统称为"两栖爬行动物"，但前者的身体构造与爬行动物有相当大的差异。两栖动物的体表不像爬行动物那样覆盖

鳞片或角质化，而是覆盖着湿滑的黏膜，它们就用黏膜进行皮肤呼吸，因此对干燥环境的耐受力不强。两栖动物有卵生也有卵胎生，但它们都有一个共同的特征，那就是幼体期和成体期的外观差异显著。两栖动物在幼体期基本都生活在水中，经过变态发育成为成体之后则开始在陆地生活（有的终生生活在水中），主要用肺呼吸。

　　两栖动物的这种生活形态使它们十分依赖水，所以虽然生活环境千差万别，但它们一般都生活在水边等湿润环境。如此往来于水陆之间，过着两种不同的生活，所以有了"两栖动物"的名称。

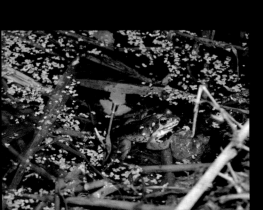

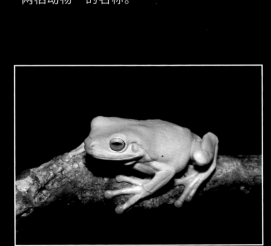

现代两栖动物由无尾目、有尾目、蚓螈目 3 个目组成。

其中最庞大的一个目是无尾目，有近 4000 种。无尾目指两栖动物中成体无尾而具有明显四肢的动物。它们的幼体期与成体期差异明显，幼体有尾无四肢，称为"蝌蚪"，然后经过特殊的变态发育——四肢生长、尾部收缩而变为成体。一般意义上的"青蛙"大多属于此目。蛙的种类繁多，但外观相似度较高，不太容易与其他物种混淆。同时，它们的栖息范围很广，以热带为中心，沙漠、寒带、高山、水域等各种环境中都有分布，习性与外观多种多样。以其种类之多来看，无尾目可以称得上是现代生物中一个十分繁盛的种群了。

有尾目动物的数量比无尾目少很多，主要分布在北半球的欧亚大陆和北美洲，但在中南美洲也能见到生活在热带的特殊种群。

世界两栖动物图鉴

无尾目动物因"青蛙"的形象而广为人知

有尾目动物如其名称所示，都生有尾巴

蚓螈目动物有着蚯蚓一样的外观

有尾目动物喜欢潮湿阴凉的环境，它们是现代两栖动物中不十分特化的一目，呈不断衰退的趋势。正如"有尾目"这个名称所示，它们的特征就是有明显的尾部和细长的身体，且四肢短小而醒目，眼睛稍小但十分灵敏。不同的有尾目动物生殖方式也不尽相同，隐鳃鲵亚目的生殖方式与无尾目动物相同，在水中进行体外受精；但大多数有尾目动物是先由雄性排出含有精子的精包，再由雌性将精包纳入体内，进行体内受精。卵生有尾目动物的幼体在水中生活（有例外），经变态发育成为成体。与无尾目动物的幼体不同的是，有尾目动物的幼体具有外鳃。人们已经了解到在一部分有尾目动物中存在幼态延续现象，它们保持着幼体期的形态长大、成熟，这也是仅见于有尾目动物的一大特征。而一部分胎生有尾目动物会直接生出与成体形态相同的幼体。经过变态发育后的成体有的完全在陆地上生活，有的根据当年的气温、湿度变化而往返于陆地和水中。

蚓螈目都有着圆柱形的细长身体，没有四肢和尾巴，主要依靠身体上的环褶伸缩来移动。与其他两栖动物不同的是，蚓螈目动物没有鼓膜，眼睛也退化殆尽，很难用听觉和视觉感知外部状况。取而代之的是嘴周围的可伸缩的触须（或触手），它们通过用触须嗅闻周围的气味来感知外部环境。蚓螈目动物有着坚硬的牙齿，颚部肌肉也十分强韧，因为它们没有四肢，所以只能用牙齿死死咬住猎物。细长的身体则表示它们几乎完全生活在地下，但也有一部分发生特化而生活在水中。相较于生活在北半球高纬度地区的有尾目动物，蚓螈目动物主要生活在低纬度地区及南半球，属于亚热带—热带生物。虽然蚓螈目与有尾目的分布范围在中南美洲有重叠，但两者基本上是分区生活的。蚓螈目里包含的种数是两栖动物的 3 个目里最少的，从这一点可以看出蚓螈目十分特化。雄性蚓螈目动物有外生殖器，可以进行其他两栖动物所不能的狭义交尾活动（即雄性蚓螈目动物将生殖器插入雌性蚓螈目动物的生殖器中）。蚓螈目动物多为胎生，但也有卵生。卵生蚓螈目动物的幼体有外鳃，在水中生活，有的经过变态发育后成为成体，有的在卵中即完成变态。胎生蚓螈目动物的幼体有成体所不具备的特殊牙齿，可以刮下母体所分泌出的液体作为自己的养料。

本书部分种类译名为中文参考译名。

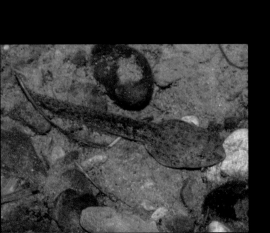

声明①

本书中动物的饲养、繁育经验仅供个人爱好者和动物园、动物保护机构、科研机构的相关从业人员参考。

其中部分物种被收录于我国《国家重点保护野生动物名录》，部分物种被收录于《濒危野生动植物种国际贸易公约附录Ⅰ、附录Ⅱ和附录Ⅲ》，关于保护动物的不限于饲养、繁育、交易等的一切活动，须严格遵守我国法律法规的规定。

声明②

本书原版初版由日本诚文堂新光社于2013年发行，随着各国学者对两栖动物研究的发展，部分动物的文字信息或已发生改变。由于本书内容较为专业，为免差错，译者未对原书文本进行更新和改动。

特此声明。

两栖动物保护的相关法律

【CITES】

《濒危野生动植物种国际贸易公约》，又称《华盛顿公约》。条约后附有附录Ⅰ、附录Ⅱ、附录Ⅲ，分别记载对于各物种的限制标准。附录Ⅰ中记载的物种濒临灭绝，禁止商业买卖。附录Ⅱ中记载的物种现在无灭绝危险，但如不加限制将来可能濒临灭绝，商业买卖需要出口国及进口国的双方许可。附录Ⅲ中记载的物种在全世界范围内灭绝可能性较小，但在该缔约国内有加以保护的必要，买卖时需要出口国发的出口许可或原产地证明（出口国为附录Ⅲ适用国以外时使用该证明）。

以上3类限制标准常被混淆。附录Ⅰ的物种如果没有许可登记书的话是禁止饲养、让渡、出售或展示的。附录Ⅰ的物种禁止国际性交易，附录Ⅱ、附录Ⅲ的物种在进出口时需要许可。

无尾目

无尾目

东方铃蟾 | *Bombina orientalis*

腹部有鲜艳的红黑色斑纹

幼体

幼体腹部

主要分布地（国家或地区）：中国、朝鲜半岛、俄罗斯

体　长：4cm~5cm

* 全书"体长"数据为常规平均数据，非个体极限数据。

　　雄性东方铃蟾的鸣叫声像铃声，因而得名"铃蟾"。

　　东方铃蟾的背部有绿底黑斑，有时也可见灰底黑斑的品种。东方铃蟾腹部有鲜艳的红黑色斑纹，遇到袭击时会翻身或四肢翻起以腹部示敌，警告敌人自己有毒（东方铃蟾的皮肤能分泌毒液）。它们分布于亚洲东部，主要见于河湖沿岸的山地中，活动范围为溪流中及岸边。

　　东方铃蟾的繁殖非常简单，人工饲养条件下配对即能进行繁殖。它们的食欲很大，只需在水面撒上配合饲料即可。其皮肤毒性很强，用碰过它皮肤的手擦眼睛会引发剧烈疼痛，所以碰过它之后一定要把手洗干净。除此之外它并无其他危害，饲养时不必过度紧张。

多彩铃蟾 | *Bombina variegata*

铃蟾科

腹部

主要分布地（国家或地区）：欧洲中部至南部、东部

体　长：5cm 左右

　　多彩铃蟾背部呈橄榄色或灰色，夹杂有小块暗色斑点；腹部主要呈黄色，也有橘红色的品种。其腹部黑斑比亮色部分小，白色斑点极少或全无。现有两个亚种，原来的第三个亚种厚皮铃蟾（*Bombina variegata pachypus*）现在独立划为厚皮铃蟾种（*Bombina pachypus*）。厚皮铃蟾分布在多彩铃蟾与红腹铃蟾分布区域的重叠地带，因此有可能是后两者杂交的产物。多彩铃蟾主要分布在山麓地带，生活在靠近低地落叶林及高地针叶林的湖泊、池塘、湿地、河川等水域附近。与红腹铃蟾相比，多彩铃蟾对恶劣水质的耐受度较高。

红腹铃蟾 | *Bombina bombina*

铃蟾科

腹部

主要分布地（国家或地区）：欧洲中部至东部、土
　　　　　　　　　　　　　耳其、俄罗斯

体　长：7cm~7.5cm

　　红腹铃蟾分布范围极广，西至德国西部，东至乌拉尔山脉，北至瑞典，南至土耳其都可以见到，是铃蟾属中分布最广的种类。红腹铃蟾背部呈灰色，夹杂暗色斑点，斑点颜色因地区而异，从亮绿色到暗绿色不一；腹部呈橘红色或黄色，夹杂有黑斑，黑斑面积比橘红色或黄色面积大，且黑斑上散落分布有细小白点。遇到危险时，它会像其他蛙类那样采取腹部示敌的防御动作。它们生活在草原及阔叶林中的沼泽地、湖泊、湿地和池塘等环境中。在与多彩铃蟾共存的地区里，红腹铃蟾会分布在更洁净的水域，在饲养状态下也更喜好干净的水环境。

微蹼铃蟾 | *Bombina microdeladigitora*

腹部

主要分布地（国家或地区）：中国（云南省）、越南北部

体　长：7cm~8cm

微蹼铃蟾是一种大型铃蟾属动物，外观与其近亲大蹼铃蟾（*B. maxima*）十分相似，背部有十分醒目的疣状突起。微蹼铃蟾的蹼与其他品种的铃蟾相比略小，因而得名，但实际观察中往往差别不大。它的栖息地集中在高地上的溪流、泉水、水洼和池塘等处。其行动迟缓，即使有人靠近往往也不会逃跑。

与东方铃蟾和产自欧洲的铃蟾属蛙类相比，微蹼铃蟾偏好冷水环境，饲养时应注意夏季时不要使水温升得太高。

大蹼铃蟾 | *Bombina maxima*

腹部

主要分布地（国家或地区）：中国（四川省至云南省）

体　长：7cm~7.5cm

大蹼铃蟾是一种大型铃蟾属动物，与微蹼铃蟾相比，其后肢的蹼比较发达，更擅长游泳。大蹼铃蟾身体颜色为灰色，肩部夹杂有黄绿色；腹部呈黑灰色，分布有橙黄色斑纹。它生活在海拔2000m~3600m的高地上，活动于溪流及泉水附近，常隐藏在水边的岩石底下。其动作迟缓，经常快要被捕获了却还是一动不动。这是因为它们对自己硕大的体型以及铃蟾属特有的皮肤毒素和警戒色抱有自信，相信自己不会被捕食者吃掉。

大蹼铃蟾经常捕食作物害虫，对于人类来说是有益的动物。它们食量很大，在饲养条件下对移动的物体很敏感。

产婆蟾 | *Alytes obstetricans*

铃蟾科

主要分布地（国家或地区）：欧洲西部至南部

体　长：3cm~5cm

　　产婆蟾（*Alytes*）蛙类在交配时雌性会将卵交给雄性，雄性则会用后肢随身携带受精卵并一直照料到孵化，孵化时雄性会把幼体放到浅水中去。它们因为这种行为被冠以"产婆"的名字。产婆蟾是产婆蟾属蛙类中分布最广的一种，包含 4 个亚种。产婆蟾的体色从灰色、褐色、浅绿色到橄榄色不一，多夹杂有暗色斑纹；眼睛大而醒目，瞳孔纵置；前肢粗壮，适合挖掘洞穴。它们生活在花园、树林、石墙、采石场等地，常藏身于岩石缝隙里，且藏身处多面向南方，洞穴内部温暖湿润。

棕色锄足蟾 | *Pelobates fuscus*

世界两栖动物图鉴

主要分布地（国家或地区）：欧洲中部至东部、南部

体　　长：3cm~5cm

　　棕色锄足蟾遭遇袭击时会鼓圆身体，发出警告的声音并释放出蒜臭味，因而又得名"大蒜蟾蜍"。棕色锄足蟾头顶部有瘤状突起，后肢踵部有铲状突起，用以挖掘洞穴。棕色锄足蟾在欧洲分布广泛，有两个亚种，分别是棕色锄足蟾模式亚种（*P. f. fuscus*）和分布在意大利北部至瑞士南部的红星棕色锄足蟾（*P. f. insburicus*）。

　　这两个亚种的外观非常相似，难以区分，只是红星棕色锄足蟾的体色比模式亚种棕色锄足蟾更明亮，而且其雌性的背部夹杂有细小的红斑。但颜色变异的结果在个体间差异较大，上述特征也不能一概而论。

　　棕色锄足蟾喜欢排水良好的土壤，因此在饲养时可以铺上轻度湿润的赤玉土，让它能够钻到土表下面去。

霍氏掘足蟾 | *Scaphiopus holbrooki*

霍氏掘足蟾模式亚种（*S.h.holbrooki*）

主要分布地（国家或地区）：美国、墨西哥北部

体　长：5cm~7cm

　　北美地区有两个属的锄足蟾科蛙类，霍氏掘足蟾属于掘足蟾属（*Scaphiopus*），该属常与旱掘蟾属（*Spea*）归为一个属。我们可以通过内跖突（后肢踵部的角质化突起）的形状来区分，圆形即旱掘蟾属，而镰刀形即掘足蟾属。霍氏掘足蟾的体色为橄榄色或偏黑褐色，背上有两条不规则黄色线条，腹部呈灰色。它们栖息在森林或砂质草地中，平时藏身在地下。其后肢踵部的角质化突起十分适合用于挖掘洞穴。

　　霍氏掘足蟾不喜欢过于潮湿的环境，饲养时可以在箱底铺上厚层的赤玉土或黑土，润湿土层下铺即可，让它自己选择土层栖居。

库氏掘足蟾 | *Scaphiopus couchii*

踵部的内跖突

主要分布地（国家或地区）：美国西南部、
　　　　　　　　　　　　　　墨西哥北部

体　长：6cm~9cm

　　库氏掘足蟾是大型锄足蟾蛙类。库氏掘足蟾的体色变异丰富，从亮黄绿色到黄色再到褐色，不一而足，且夹杂有暗色斑纹。它们栖息在稀树草原、沙漠植被区等干燥地区，耐旱能力出众。在自然环境中，它会通过钻入地下来应对外部环境的变化，所以在饲养条件下必须给它准备足够深度的土壤，否则过度干燥或潮湿都容易使它生病。在自然环境中，它大部分时间都在地下睡觉，一旦下雨就爬出地面觅食或繁殖。其食欲旺盛，会捕食各种昆虫。

大盆地旱掘蟾 | *Spea intermontana*

主要分布地（国家或地区）：加拿大南部、
　　　　　　　　　　　　　　美国

体　长：4cm~5cm

　　大盆地旱掘蟾是旱掘蟾属中的小型蛙类，雌性体型大于雄性。与同属内其他种的蛙类相比，它的四肢更短小。它的体色为橄榄色或灰绿色，且夹杂有不规则的亮色线条和暗色斑点；腹部呈奶白色或灰色；吻端略向上突起，呈狮子鼻状；体表光滑，但布满小突起；双眼之间有骨质隆起。它们栖息在干燥地区，常见于沙漠灌木的根部、软质土壤的森林地带等处。它们只在夜间活动，白天藏身在地下，常利用其他动物挖好的洞穴。4~6月的雨季是它们的繁殖期，它们常在水流缓慢的河川、池塘或泉水边产卵。其幼体分为植食性和肉食性两种，因环境而异。

尖吻山角蟾 | *Megophrys nasuta*

角蟾科

主要分布地（国家或地区）：印度尼西亚、马来西亚、新加坡
体　　长：7cm~14cm

　　尖吻山角蟾是一种大型角蟾。有人会将高山角蟾等其他蛙类冠以尖吻山角蟾之名，但它们之间的区别很明显，尖吻山角蟾眼皮上方的角状突起非常大，体型也比其他蛙类大得多。尖吻山角蟾头部硕大，身体侧面有条形隆起；体色变异多样，有灰褐色、土黄色、褐色、红褐色、黑灰色等。其雌性体型十分硕大，是雄性体型的两倍以上。尖吻山角蟾一般栖息在森林里，白天潜伏在落叶下，喜欢守株待兔式地捕食猎物。其硕大的体型使得它捕食的猎物种类非常广泛，包括昆虫、蛙类及其他小型动物。

　　尖吻山角蟾的纵向弹跳能力很强，养殖箱的盖子过低的话就会撞到它的鼻子，所以养殖箱的盖子要设置得高一些。尖吻山角蟾的幼体拥有漏斗状的口器，可以把水面的有机物吸入口中。

幼体

高山角蟾 ┃ *Megophrys montana*

主要分布地（国家或地区）：印度尼西亚

体　长：9cm~11cm

世界两栖动物图鉴

　　高山角蟾有时会被当作尖吻山角蟾，但实际上它是另一个物种。其体型比尖吻山角蟾小，眼皮上方和吻端的角状突起也不长。高山角蟾的体色多样，有黄褐色、茶褐色等，使其整体看上去很像一片枯叶。它生活在高海拔地区的森林里，很难在农田等被人类开发过的地方见到。

　　高山角蟾忍受不了高温闷热的环境，所以饲养时要注意通风。在某些地区，它也能长到很大。

马来异角蟾 ┃ *Xenophrys aceras*

主要分布地（国家或地区）：马来西亚、泰国

体　长：6cm~8cm

　　马来异角蟾与高山角蟾极为类似，其眼皮上方也有突起，与之相似的还有长腿异角蟾（*X. longipes*）等。马来异角蟾头部较宽但身形较瘦，雌性的体型比雄性大很多，栖息在海拔较高的森林地面，通过酷似枯叶的外形将自己隐藏在落叶里。饲养马来异角蟾时也可以在缸里撒一层落叶。

费氏短腿蟾 | *Brachytarsophrys feae*

角蟾科

主要分布地（国家或地区）：中国南部、缅甸、
泰国、越南

体　长：10cm~12cm

短腿蟾蛙类与角蟾（*Megophrys*）极为相似，但四肢更短、头更宽，眼睛上方只有一根突起。费氏短腿蟾体型扁平，体表光滑，常被当作宽头短腿蟾。它栖息在山地、森林底部，有时也在水中活动。由于头部宽大，所以它有能力捕食较大的猎物，比如昆虫、蛙类、小型哺乳动物和鱼类等。

费氏短腿蟾不耐高温干燥，对低温的忍耐力较强，因此饲养时要注意温度，保持垫层湿润，也可以把缸底设计成浅水上浮着一座小岛的样子。

019

角蟾科

宽头短腿蟾 | *Brachytarsophrys carinensis*

角蟾科

主要分布地（国家或地区）：中国南部、缅甸、
泰国北部

体　长：9cm~15cm

宽头短腿蟾是一种大型蛙类，雌性成体体长可达到15cm。其头部宽大，眼皮上方有两根突起，身体侧面有几道条状隆起。与费氏短腿蟾相比，宽头短腿蟾身体更肥厚。

它栖息在森林、山地中，喜好潮湿，可忍耐短时间的干燥环境。它是夜行性动物，白天躲藏在倒木底下。由于嘴和整个头部宽度相当，能吞下体型与它差不多大的蛙类，因此不要将它与其他蛙类养在一起。它在受到刺激时会让身体膨胀起来，如果敌人还不放弃的话它就会张开嘴大声鸣叫，以此吓跑敌人。

斑点拟髭蟾 | *Leptobrachium hendricksoni*

主要分布地（国家或地区）：印度尼西亚、
马来西亚

体　长：5cm~6cm

　　拟髭蟾蛙类是陆栖角蟾的近亲，有很多品种的外观都极为相似。斑点拟髭蟾与东南亚拟髭蟾十分相似，只是从颜色上来看，斑点拟髭蟾的褐色或红色更鲜明，粗略看上去很难区分。斑点拟髭蟾腹部呈白色或奶白色，夹杂有许多黑斑。它们栖息在平原地区的森林里，常见于落叶下面。其幼体较大，生活在水流缓和的溪流或沼泽里。

　　拟髭蟾蛙类都有些敏感，对明亮的环境深恶痛绝，它必须要有躲避洞。它们白天藏在躲避洞里睡觉，等到外面完全黑暗之后才会出来活动。

东南亚拟髭蟾 | *Leptobrachium hasseltii*

主要分布地（国家或地区）：中国、印度、
东南亚地区

体　长：6cm~7cm

　　东南亚拟髭蟾体型适中，雌性比雄性个头大很多。其头部很圆，比身体还要宽，眼皮上无突起；背部呈灰色，夹杂有黑斑；腹部上也夹杂有暗色斑点。它们拥有一双大眼睛，成体的虹膜颜色是红色的，但幼体的虹膜颜色是深蓝色或蓝黑色的，因此两者看起来好像是两个不同的物种。其成体外观与斑点拟髭蟾很像，一般栖息在森林地面。

　　东南亚拟髭蟾动作缓慢，给它们喂食时最好把昆虫的脚摘掉再喂，或者喂一些蚕、蜜虫等行动迟缓的虫子。东南亚拟髭蟾的幼体很大，全长可达 7cm。

雷山髭蟾 | *Vibrissaphora leishanensis*

主要分布地（国家或地区）：中国南部
体　长：6cm~9cm

髭蟾蛙类的外貌和拟髭蟾蛙类相似，但体型更大，体格也更结实。雄性进入繁殖期后嘴边会长出黑色刺状突起，因而得名"髭蟾"。这种刺状突起有两对，在繁殖期过后又会消失不见。它栖息在海拔 1000m~1500m 森林中的溪流附近，每到 11 月，成年雷山髭蟾为了繁殖就会集中到流域内的某一处开始交配。由于对高温的耐受力不强，所以饲养时要注意保持一个凉爽的环境，夏季时不要让缸内温度超过 20℃。

021

角蟾科

崇安髭蟾 | *Vibrissaphora liui*

主要分布地（国家或地区）：中国南部至东南部
体　长：6cm~9cm

其雄性进入繁殖期后靠近嘴角的位置会长出一对刺状突起 [崇安髭蟾瑶山亚种（*V. l. yaoshanensis*）则有两对]，眼睛上半部分呈淡绿色，下半部分呈黑色。它栖息在海拔 800m~1500m 的常绿树林或竹林中的溪流附近，白天藏身在岩石底下或草丛里。其幼体以舔食岩石上生长的藻类或苔藓为生，经过 3 年变态发育成为成体。

负子蟾 | *Pipa pipa*

主要分布地（国家或地区）：南美洲中部以北

体　长：12cm~15cm

负子蟾是负子蟾属蛙类中体型最大的一种，头部和身体的总长度可达 15cm，且雌性的体型比雄性更大。负子蟾身体呈扁平状，头部尖端很小，后肢发达且趾间有蹼，十分适合游泳。它栖息在水流和缓的自然河流或有淤泥的人工运河里，只在水中活动，不会上岸。

它的繁殖方式十分独特。雄性会把雌性产下的卵用前肢收集到雌性的背上，被果冻状皮膜包覆着的卵会被吸收进雌性的皮肤中，雌性将一直携带着这些卵直到孵化。孵化时，幼蛙会从雌性的皮肤里挣扎出来进入水中，因这种独特的繁殖方式而得名"负子蟾"。

负子蟾不喜欢低水温环境，饲养时要注意将水温保持在 25℃左右。

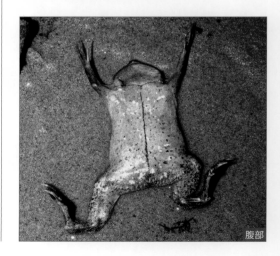

腹部

乌廷加负子蟾 | *Pipa snethlageae*

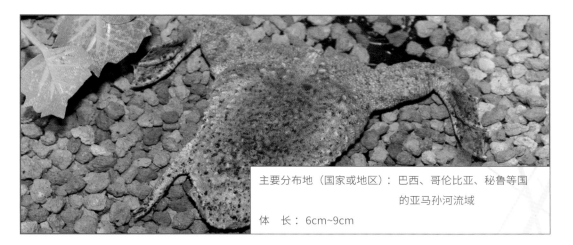

主要分布地（国家或地区）：巴西、哥伦比亚、秘鲁等国
　　　　　　　　　　　　　的亚马孙河流域

体　　长：6cm~9cm

　　乌廷加负子蟾是负子蟾属蛙类中体型仅次于负子蟾的蛙类，体长 6cm~9cm。在负子蟾属蛙类里只有它和负子蟾的后肢上没有爪。乌廷加负子蟾身体扁平，但比负子蟾稍肥厚；吻端尖锐，嘴角的褶皱不常张开。它们分布在巴西、哥伦比亚、秘鲁等国的亚马孙河流域的热带雨林中，喜好落叶等有机物堆积的环境，活动于沼泽、河迹湖等处。其前肢尖端有用以探知猎物的触觉器官，通常捕食鱼类、水栖昆虫、甲壳类动物。人们对它的生态地位还不是很了解。

　　饲养乌廷加负子蟾时要注意保持弱酸性水质。

小负子蟾 | *Pipa parva*

主要分布地（国家或地区）：哥伦比亚北部、委内瑞拉
　　　　　　　　　　　　　西北部

体　　长：3cm~4cm

　　小负子蟾是负子蟾属蛙类中体型最小的一种，因此又被称为"豆负子蟾"。小负子蟾身体接近卵形，棱角不分明，比负子蟾身体肥厚。它完全生活在水中，前肢尖端有触觉器官，可以感知猎物，通常捕食无脊椎动物和鱼类。小负子蟾也使用负子蟾属蛙类共通的繁殖方式——将受精卵藏在雌性背部的皮肤里直到孵化。

非洲爪蟾 | *Xenopus laevis*

负子蟾科

世界两栖动物图鉴

主要分布地（国家或地区）：非洲中部以南

体　长：6cm~13cm

　　以非洲爪蟾为代表的爪蟾属蛙类高度适应水中的生活，它们拥有光滑的皮肤、扁平的卵状身体，后肢上有巨大的蹼。其后肢肌肉发达，十分擅长游泳。它的眼睛向上生长，可以密切注意岸上的捕食者；身体两侧有缝合线状的侧线，可以感知水中的震动。非洲爪蟾没有舌头，只能用前肢将食物送进嘴里。雌性的体型比雄性大将近一倍。它们对温度的适应力较强，能够在含盐量高的水中生存，这些习性在两栖动物中是极为少见的。它们的生命力旺盛，容易繁殖，且由于细胞比较大而被当作实验动物广泛繁育。鉴于其出色的适应力和繁殖能力，人们很担忧它在某一特定地区落地生根后产生的后果。

　　饲养非洲爪蟾时可以喂食下沉型的饲料。

正在用前肢把饲料送进嘴里

白化个体

鲍氏膜蟾 | *Hymenochirus boettgeri*

主要分布地（国家或地区）：刚果（金）、喀麦隆、尼日利亚

体　　长：3.5cm~4cm

　　膜蟾蛙类的体型都偏小，外观也比较相似。在刚果（金）还分布有两种鲍氏膜蟾的近似物种，这些近似物种常被当作鲍氏膜蟾。其中一种短足膜蟾（*Hymenochirus curtipes*）的皮肤上有密集的突起，摸起来十分粗糙。它们的体型比爪蟾属（*Xenopus*）蛙类更为扁平、细长。

　　鲍氏膜蟾幼体的身体呈半透明状，后肢根部有刺状突起。

　　鲍氏膜蟾不会袭击鱼类，所以可以与热带鱼共同饲养。它喜好 pH 为 7.6~7.8 的弱碱性水，但对不同水质的耐受度也很强。

异舌穴蟾 | *Rhinophrynus dorsalis*

异舌穴蟾科

世界两栖动物图鉴

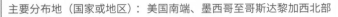

主要分布地（国家或地区）：美国南端、墨西哥至哥斯达黎加西北部

体　长：5cm~8cm

异舌穴蟾是异舌穴蟾科里唯一的物种，处于一个特殊的分类位置上。其后肢有适合挖掘洞穴的内跖突，吻端尖而细长地向前方突出。它的眼睛很小，头部也比身体小很多。除繁殖期之外，它们几乎终年住在地下洞穴里。异舌穴蟾的舌头平时是扁平的，但捕食时就会变成棒状，从下颌的缝隙里弹出来。

大雨过后，它们会在夜间出现在地面上，雨后的水洼是它们繁殖的地方。其幼体有集群的习性，时常几百只凑在一起过群居生活。它们有时会聚集在水里一起振动身体，以卷起水底的有机物食用。

饲养异舌穴蟾时要在缸里铺上厚土，喂食小块的饲料。

日本蟾蜍 | *Bufo japonicus*

日本蟾蜍模式亚种

主要分布地（国家或地区）：日本

体　　长：6cm~18cm

蟾蜍科蛙类基本都在陆地上生活，有着敦实的身体、厚厚的皮肤以及发达的耳腺，主要栖息在比较干燥的地方，全世界都有分布。蟾蜍属（Bufo）下的物种非常丰富，近年来有专家认为应该把蟾蜍属分割为几个独立的属。日本蟾蜍是蟾蜍属中的大型蛙类，为日本本土物种。日本蟾蜍有两个亚种，其一是分布在近畿地区以西的本州（不含山阴地区）、四国及九州的日本蟾蜍模式亚种（*B. j. japonicus*），其二是分布在东日本及山阴地区的吾妻蟾蜍亚种（*B. j. formosus*）。日本蟾蜍个体间体色差异很大，皮肤上有许多疣状突起，遇到危险时会从突起的尖端喷射出刺激性黏液。这种黏液接触到人类黏膜部位时会引发疼痛，所以在碰过日本蟾蜍之后要记得洗手。它们栖息范围广泛，平原、高地都能见到，人类住宅附近或公园里也有分布。其卵为绳状，幼体小。

吾妻蟾蜍亚种

中华蟾蜍 | *Bufo gargarizans*

宫古蟾蜍亚种

主要分布地（国家或地区）：中国、俄罗斯、朝鲜半岛

体　长：6cm~12cm

　　中华蟾蜍在东亚分布广泛，有许多亚种，日本的宫古蟾蜍（*B. g. miyakonis*）就是其中一种，产自宫古岛。中华蟾蜍体型短粗，中等大小，背部的疣状突起十分醒目。个体间的体色差异很大，有灰色、土黄色、红褐色、橘红色、黄褐色和茶褐色等。它的分布范围广泛、个体数量大，是常见的蛙类。日本的宫古蟾蜍在住宅、农田周边也很常见。

　　饲养中华蟾蜍时，要注意不要让环境过度潮湿，可以在缸底铺一层赤玉土，再放一个躲避洞和小水盆。

体色变异丰富

湍蟾蜍 | *Bufo torrenticola*

主要分布地（国家或地区）：日本

体　　长：7cm~16cm

　　湍蟾蜍是比较罕见的栖息在溪流里的蛙类，其个体间的体色差异较大，有灰绿色、灰褐色和黄褐色等，多夹杂有红色或橘红色斑纹。它的鼓膜不明显，四肢比其他蟾蜍属蛙类长，后肢的蹼很发达。繁殖期时其体表会变得非常光滑（雄性体表的疣状突起也会消失），以适应在水中生活。繁殖期以外的时间它通常在溪流附近的陆地上生活，有时会爬到树上。其幼体的嘴周围有吸盘状器官，它们会用吸盘把自己固定在岩石上以使自己不被水流冲走。

　　饲养条件下的湍蟾蜍比其他日本本土蟾蜍更喜欢凉爽的环境，但它的耐高温能力也不差。繁殖期时它的体表会变得光滑，可以给它准备一个稍大的水池，但在人工饲养条件下它很难繁殖。

带有红色斑纹的个体

绿蟾蜍 | *Bufo viridis*

世界两栖动物图鉴

> 主要分布地（国家或地区）：欧洲、西亚至中亚、中国、北非
>
> 体　长：5cm~12cm

　　绿蟾蜍的分布范围非常广泛，其欧洲种群与北非、西亚种群被认为是两个种群。

　　绿蟾蜍的体色为灰褐色或橄榄色，夹杂有绿色或橄榄绿色斑纹。斑纹形状大小各异，颜色也存在着地区差异。它栖息在森林、草原灌丛和沙漠绿洲附近，时常利用啮齿类动物挖掘的洞穴藏身，过着群居生活。与其他两栖动物相比，绿蟾蜍对干燥、高温环境的耐受力非常强，存活温度上限可达到40℃，也可以在淡水中或含盐量高的水域中繁殖。其寿命为7~10年，在蛙类中算是长寿的了。

　　饲养绿蟾蜍时可以在通风良好的养殖箱里铺上赤玉土，再将土的一部分润湿。

洛可可蟾蜍 | *Bufo paracnemis*

蟾蜍科

主要分布地（国家或地区）：巴西、玻利维亚、巴拉圭、阿根廷、乌拉圭

体　　长：12cm~20cm

洛可可蟾蜍是一种与大蟾蜍类似的大型蛙类，身体扁平宽大，耳腺发达且醒目。它区别于大蟾蜍的一点是其胫部有密集的颗粒状毒腺，就像绑上了绑腿一样。它的学名"洛可可蟾蜍"则来源于它的叫声。它栖息在平原和干燥的草原上，适应干燥的生存环境，它捕食昆虫、小型爬行动物和哺乳动物的幼崽或者其他蛙类。

因为体型较大，所以养殖箱的底面积也要大。如果养殖箱内空间实在不够，可以用纸把箱体包裹住，防止它企图跳出箱外时撞伤鼻子。

可以看出体色有变异

虎斑蟾蜍 | *Bufo terrestris*

世界两栖动物图鉴

> 主要分布地（国家或地区）：美国东南部
>
> 体　长：4cm~9cm

　　虎斑蟾蜍是分布于美国东南海岸的中型蛙类，双眼之间的骨质突起呈冠状，很容易与其他品种区分开来。其体色多为褐色，但也有黑色或红褐色、鲜红色的个体；背部的暗斑部位有疣状突起，背部中线上大多有一条亮色线条。它栖息在稀疏的森林、灌丛或砂质土壤的树丛中，经常可以看见它们在住宅外的灯光附近捕捉昆虫。它是夜行性动物，白天几乎完全藏在地下。

　　饲养蟾蜍蛙类（除湍蟾蜍外）时，可以在养殖箱一角装一盏小灯，帮助它们提升体温。

虎斑蟾蜍的体色多种多样

美国绿背蟾蜍 | *Bufo debilis*

美国绿背蟾蜍模式亚种

主要分布地（国家或地区）：美国、墨西哥北部

体　长：3.2cm~5.5cm

美国绿背蟾蜍又名"得克萨斯绿背蟾蜍"，属于小型蟾蜍，身体扁平，耳腺大而发达。其体色为鲜艳的绿色，夹杂有暗色斑点。雄性的喉部呈暗色，可以通过这一特征区分雌雄。它有两个亚种，一是美国绿背蟾蜍模式亚种（*B. d. dibilis*），背部的暗色斑点互不相连；二是西部绿背蟾蜍亚种（*B. d. insidior*），背部的暗色斑点互相连接形成网状。美国绿背蟾蜍生活在半干燥的平原上，白天在岩缝里藏身，喜欢在凌晨或日落后外出活动。

饲养美国绿背蟾蜍时，可以使养殖箱内以干燥区域为主，放一个小水池，并将躲避洞附近润湿。箱内空间够大的话，可以再设置一盏小灯以供其取暖。

西部绿背蟾蜍亚种

黑昧蟾 | *Melanophryniscus stelzneri*

> 主要分布地（国家或地区）：巴拉圭、巴西、阿根廷
>
> 体　长：2.5cm~3cm

　　黑昧蟾与蟾蜍蛙类相似，但体型小很多，运动方式以爬行为主。黑昧蟾蛙类分布在以巴西为中心的南美洲，有 18 个种。黑昧蟾体色为黑色，全身夹杂有黄色的不规则斑纹，指尖与腹部的一部分呈红色。黑昧蟾种之下有几个亚种，这些亚种体表花纹不一，有专家认为应该把这些亚种独立划为新种，只把黑昧蟾模式亚种留下。它们生活在河流沿岸的草原上，喜欢岩石露出的地方。虽然是昼行性动物，但其性格不是很活泼，活动较少。

　　黑昧蟾在饲养条件下偏好低温多湿的环境，喜欢小块的食物，可以喂刚孵化出来的蟋蟀幼虫，它很容易接受人类的喂食。

腹部

丑角蟾蜍 | *Atelopus spumarius*

蟾蜍科

主要分布地（国家或地区）：圭亚那、苏里南、巴西、法属圭亚那

体　长：2.5cm~4cm

斑蟾属下有 71 个种之多，其中既有色彩外观相似度极高的种，也有因为地区差异、变异而迥异的种，是一个很难确定种属关系的属。斑蟾在分类学上属于蟾蜍科，但乍一看它华丽扁平的身体和细长的鼻子却不容易想到它会属于蟾蜍科。斑蟾蛙类多数拥有鲜艳的色彩，旧的图鉴上曾经用"小箭毒蛙"的名字来介绍它，但实际上它与箭毒蛙的亲缘关系并不深。丑角蟾蜍的体色为深橄榄绿色或黑色，身体两侧有亮黄色斑纹并延伸到中心，也有白色或绿色斑纹的个体，还有长着亮紫色斑纹的亚种。丑角蟾蜍一般栖息在低海拔的热带雨林里。

饲养丑角蟾蜍时要注意通风，避免高温。

另外要注意它很强的弹跳力。

巴氏斑蟾亚种（*A. s. barbotini*）

红蟾蜍 | *Schismaderma carens*

036

世界两栖动物图鉴

> 主要分布地（国家或地区）：斯威士兰、南非、坦桑尼亚、刚果（金）
>
> 体　长：7cm~9cm

红蟾蜍是裂皮蟾蜍属（*Schismaderma*）中唯一的物种。

红蟾蜍没有耳腺，鼓膜非常大；体色为淡红色或鲜红色，背部中心有一对暗色斑纹；体表有扁平的疣状突起，腹部有细小的暗色斑纹；雄性喉部有褶皱。它栖息在森林、草原等多种环境中，喜好开阔地带。由于是夜行性动物，所以它夜间的捕食行为十分活跃。

红蟾蜍并不是蟾蜍属的蛙类，但学名中还是带有"蟾蜍"两个字，可能是外观比较接近蟾蜍属。

红蟾蜍不喜欢闷热的环境，所以饲养时箱内一定要通风。需要注意的是，它比其他非洲产的蟾蜍更喜欢湿润的环境，因此箱内要保持一定的湿度。

霍氏浆蟾 | *Pedostibes hosii*

蟾蜍科

雌性霍氏浆蟾

> 主要分布地（国家或地区）：泰国、马来西亚、印度尼西亚
>
> 体　长：5.3cm~10.5cm

霍氏浆蟾居住在树上，四肢很长。浆蟾属有 6 个种，都分布在东南亚地区。霍氏浆蟾表皮光滑，雄性比雌性体型小。全部的雄性与半数左右的雌性体色为茶褐色，剩下的雌性体色为绿黑色或灰绿色，两肋及腹部呈青灰色，夹杂有黄色小斑点。它的指尖有吸盘，可以牢牢地抓住物体，便于爬树。除了最长的第四趾之外，其他的脚趾全部有蹼。它栖息在低地的原始森林里，捕食各种昆虫，尤其喜欢吃蚂蚁。雄性每到繁殖期就会爬上树开始鸣叫（求偶鸣叫），雌性也会爬上树，但爬得没有雄性那么高。

霍氏浆蟾的活动范围是立体的，所以饲养时要选用有一定高度、通风良好的养殖箱，并在箱中放一段可以让它爬上去的木头。另外也必须要有宽敞的水池。

雄性霍氏浆蟾

日本雨蛙 | *Hyla japonica*

世界两栖动物图鉴

主要分布地（国家或地区）：日本、俄罗斯、朝鲜半岛、中国

体　长：2cm~4.5cm

　　雨蛙属蛙类主要在树上活动，在全世界分布广泛，属内物种非常多。日本雨蛙是日本的代表性蛙类，但除日本外，东亚地区多均有分布。它的体色一般为绿色，但能够随周围的环境而变化，有些罕见的个体由于缺乏色素而呈淡蓝色或黑色。它们会因为感受到湿度及气压的变化而开始鸣叫（雨鸣）。

　　大多栖息在低地地区，常在灌木或草丛中藏身，幼体多在水田或湿地中活动。在日本，日本雨蛙是非常常见的蛙类。

　　饲养日本雨蛙时要选用通风良好的养殖箱。它的代谢旺盛，因此喂食要勤。其皮肤黏液有毒，用手碰过它之后一定不要触碰眼睛或伤口，并及时洗手。

对马岛产日本雨蛙

体色、纹样可变化

体色变异

白化个体

哈氏雨蛙 | *Hyla hallowellii*

世界两栖动物图鉴

主要分布地（国家或地区）：日本

体　　长：3cm~4cm

　　哈氏雨蛙外观与日本雨蛙相似，但体型小一些。哈氏雨蛙体色为黄绿色至褐色，可变色，但不会像日本雨蛙那样迅速变色，且整体色调偏暗；虹膜颜色偏黄，与日本雨蛙不同；前肢的蹼十分发达。它栖息在森林里，在树上居住，一般待在比日本雨蛙更高的位置，因此很难被发现。捕食蜘蛛等昆虫，其产卵期从 3 月下旬延续到 5 月左右。

　　饲养哈氏雨蛙有一定难度，因为它们比日本雨蛙更为敏感，喜欢隐居生活。可以在养殖箱中放盆栽植物，给它提供可以隐身的地方。

刚刚登陆还残留着尾巴的幼体

中国雨蛙 | *Hyla chinensis*

主要分布地（国家或地区）：中国、越南

体　　长：2.5cm~3.5cm

　　中国分布着多种雨蛙属蛙类，它们的外观都很相似。中国雨蛙的外观与日本雨蛙也很相似，但体型要小很多。它的体色为黄色或绿色，两肋及腹部夹杂有黑斑；大腿内侧呈黄色，也夹杂有黑斑。中国雨蛙的体色可以变化，但变化幅度不像日本雨蛙那样大，至多是深浅和明暗的变化。它们栖息在低地的森林、农田和池塘周围，主要居住在树上，下雨时也会到地面来。经过运输的个体常有吻端擦伤的现象，伤口很容易引发炎症，要引起注意。

变色雨蛙 │ *Hyla versicolor*

主要分布地（国家或地区）：美国、加拿大
体　长：3cm~6cm

世界两栖动物图鉴

　　变色雨蛙体色为绿灰色、褐灰色或灰色，背部有数个暗色大斑点；大腿内侧呈亮黄色或橘红色；体表粗糙，指尖有大吸盘。变色雨蛙常见于水边的树木上，它是夜行性动物，白天躲在高处，夜间下到地面来。它的繁殖期在 4~8 月，分布在南方的变色雨蛙冬季也能繁殖。金腿雨蛙与变色雨蛙外观十分相似，很难区分，分布地区也相同。

　　它的皮肤黏膜毒性很强，能够使其他蛙类死亡，所以不要与其他蛙类共同饲养。其毒液对人类也有刺激作用，触摸过它之后一定不要直接碰眼睛、嘴或伤口。

金腿雨蛙 │ *Hyla chrysoscelis*

主要分布地（国家或地区）：美国、加拿大
体　长：3cm~6cm

黄色或橘红色。金腿雨蛙的外观与变色雨蛙十分相似，从外观很难区分两者。仅有的区分在于雄性的鸣叫声，金腿雨蛙的叫声比变色雨蛙更急促。

　　金腿雨蛙体格非常结实，体表粗糙。其体色为绿灰色、褐灰色或灰色，背部有数个暗色大斑点。它的体色能随着周围的环境而变化，甚至可以变为迷彩状；大腿内侧为亮

　　金腿雨蛙有冬眠的习性，但也非常耐低温，温度稍低时不会停止活动，在室内饲养的话全年都无须加温。它喜欢在树上活动，除繁殖期以外几乎不会下到地面。

高山雨蛙 | *Hyla eximia*

主要分布地（国家或地区）：美国南部、墨西哥中部及西北部

体　长：2cm~5cm

高山雨蛙体表光滑，体色以亮绿色为主，有时能见到白色或黑褐色的个体；有亮边黑色条纹从吻端经过眼睛延伸到身体两侧；背部及后肢上有暗色条纹；雄性喉部呈橄榄色。它主要在山区生活，常见于海拔 900m~2900m 的针叶林或橡树林中，在溪流及池塘附近活动。高山雨蛙是夜行性动物，小型成体体长 2cm 左右，大型成体体长 5.5cm 左右。

蛙类的鸣叫

无尾目动物——也就是我们一般认识里的"青蛙"——是一群听觉发达的两栖动物，它们会通过叫声完成个体间的交流。在这些包罗万象的叫声里，有繁殖期里雄性邀请雌性的"求偶鸣叫"，有宣示主权的"界线鸣叫""警戒鸣叫"，有雄性被误当作雌性抱对时发出的"警告音"，还有气压及湿度变化时发出的"雨鸣"等。其中广为人知的就要算"求偶鸣叫"了，蛙类的鸣叫中有一大半都是为了求偶。每个物种的鸣叫声音都不同，有的像"嘎啦嘎啦"的轻声撞击，有的像笛音，有的像低沉的呻吟，有的像踩踏易拉罐时的金属声，实在是数不胜数。甚至还有近似鸟叫和狗叫的声音。

蛙类的鸣叫方法是让肺里的空气通过喉咙，使其震动发声，和人类的发声方法是一样的。除此之外，蛙类还有被称为"声囊"的柔软皮膜，可以使喉咙发出的声音产生回声，使声音传播得更远。声囊的原理和鼓一样，震动的空气流入声囊使其扩张，声音在鼓胀起来的声囊里产生回声，达到扩音的效果。蛙类的声囊形状因种而异，有的是单声囊，有的是双声囊，有的声囊在两颊附近。也有蛙类没有声囊，因为它们居住在水流湍急的地方，即使鸣叫，声音也会被水流声盖住。这些蛙类则会用其他的交流手段来代替鸣叫。

在树上鸣叫的哈氏雨蛙

犬吠蛙 | *Hyla gratiosa*

雨蛙科

主要分布地（国家或地区）：美国东南部
体　长：5cm~7cm

　　犬吠蛙体型中等，体格壮实。其体色有亮绿色、黄绿色、黄色、灰色和暗褐色等，且能够小幅度变化，一般在中午呈亮色，夜间呈暗色，呈亮色时暗色的斑点就会变得醒目。雄性喉部呈绿色或黄色。气候温暖时，

　　犬吠蛙喜欢在树梢上活动，下雨之前会发出犬吠般的独特叫声。冬季或干旱期，它会转移到树根或灌丛里挖一个洞穴居住，因此饲养时它往往会因为干燥而钻进下垫土层里。它是夜行性动物，白天总是躲在角落里睡觉。

　　犬吠蛙生命力顽强，适应性好。不过如果处于高密度饲养的环境，犬吠蛙有时会患上一种症状为腹部及大腿内侧发红、溃烂的疾病。遇到这样的个体时最好将其隔离，在洁净的环境中单独饲养。

灰绿雨蛙 | *Hyla cinerea*

雨蛙科

主要分布地（国家或地区）：美国南部至东部
体　长：3cm~6cm

　　灰绿雨蛙广泛分布在美国南部至东部一带，西界为得克萨斯州。它的体型略瘦小，体色为亮绿色、黄绿色或灰绿色；从上颚到身体两侧有清晰的白色线条，但也存在没有

这道线条的个体。一些少见的个体身上夹杂有带金边的黑色斑点。雄性灰绿雨蛙会发出"叩可叩可"的叫声，从远处听起来有点像牛铃铛的声音。在某些地区会出现数百只雄性灰绿雨蛙聚集在一起"大合唱"的场面。它们常在靠近水边的植物附近活动，白天隐伏在黑暗潮湿处睡觉。比起跳跃，它平时更喜欢爬行，但遇到捕食者袭击时也会长距离跳跃逃生。

白棕雨蛙 | *Hyla leucophyllata*

主要分布地（国家或地区）：南美洲北部至西北部

体　长：3cm~4cm

　　白棕雨蛙的体色变异极其丰富，有时从体色类型上甚至无法判断它们属于哪一个种。白棕雨蛙在日本常见的体色类型为"边缘型"，体色为偏红的橘红色和褐色，身体轮廓上分布有黄色的斑点。该斑点会随着湿度、亮度的变化而变成白色或浅褐色。除此之外还有一种体色类型叫作"网眼型"，其特征是在褐色底色上分布着网眼状的黄白色斑纹。上述两种体色类型有一个共同特征，就是四肢内侧和指尖都是明亮的橘红色，有几种其他种的蛙类与白棕雨蛙也十分相似。白棕雨蛙栖息在森林里，常见于水边的树木上。

　　饲养白棕雨蛙时要注意控制昼夜湿度差，夜间必须在养殖箱中喷雾，否则它就不会从躲避洞里出来吃东西。如果饲养有方，白棕雨蛙状态不错的话，它的生命力还是很顽强的。

斑雨蛙 | *Hyla marmorata*

世界两栖动物图鉴

> 主要分布地（国家或地区）：南美洲北部至西北部
> 体　长：4.5cm~5.5cm

斑雨蛙的特征是它有着树皮状拟态皮肤；背部呈灰褐色或灰色，夹杂有各种颜色的明暗色斑纹。一般来说，它的下半身 1/3 的位置的色彩比上半身更鲜艳。其腹部黄白相间，夹杂有不规则的黑色小块斑纹，四肢外侧有波状的皮肤突起。它栖息在森林中，原始林和次生林中都能看到它的身影。由于它是夜行性动物，而且居住在树上，所以很难在白天看到它，但进入繁殖期后它就会在白天到地面的灌丛里去。从外观一看便知，它的皮肤是在模拟树皮和地衣。

饲养斑雨蛙时在箱内放一块树皮或短木，就能观察到它趴在上面的样子了。

腹部

翡翠眼树蛙 | *Hyla crepitans*

主要分布地（国家或地区）：北美洲洪都拉斯至南美洲西北部、北部
体　长：5cm~7cm

翡翠眼树蛙分布在北美洲中部至南美洲的广阔区域里，属于锈色树蛙种，吻端尖锐是该种群的共同特征。它的体色为浅橄榄绿色或灰绿色，夜间背上会出现暗灰色的雾状斑纹。幼体的体色偏绿。其身体侧面与指尖的吸盘呈橘黄色，在体侧与背部的交界处有几条橘黄色的细纹。雄性的前肢拇指内侧有尖锐的刺状突起，繁殖期会用这件武器和其他雄性争斗。该特征在锈色树蛙种的几种蛙类身上都能见到，尤其是史密斯蛙（*Hyla faber*），以善斗而闻名。翡翠眼树蛙栖息在低地湿润的森林里，由于会发出"嘎啦嘎啦"的叫声，因此被冠以"*crepitans*"这个种名。

047

锈色树蛙 | *Hyla boans*

主要分布地（国家或地区）：巴拿马至南美洲中部以北
体　长：10cm~12cm

锈色树蛙是一种大型雨蛙，是南美洲分布的雨蛙属中体型最大的一种。其雄性体型比雌性大，这在树栖蛙类中是比较少见的例子。它的体色为暗橄榄色或浅褐色，气温降低时颜色也会随之变暗。有的个体背上有亮色的地衣状花纹。它的虹膜颜色为古铜色，下半部分有网眼状细线；指尖的吸盘呈圆形，非常大。锈色树蛙栖息在森林里，主要在溪流边活动。进入繁殖期时，雄性会堵住一截水流作为巢穴。雌性产卵之后，如果有其他雄性企图接近巢穴，雄性就会展开攻击把它赶走。雄性锈色树蛙的叫声像是敲击金属的声音，所以在日语中又叫作"铁匠蛙"。

锈色树蛙的弹跳力非常强，饲养时尽量选用大一点的缸，并在里面多放一些木板或盆栽植物，以供它藏身、攀爬。

雨蛙科

哥伦比亚树蛙 | *Hyla punctata*

世界两栖动物图鉴

> 主要分布地（国家或地区）：南美洲中部以北
>
> 体　长：2.5cm~4cm

　　哥伦比亚树蛙的体色是有透明感的黄绿色，白天与夜间的体色有较大变化，且会随着周围环境的变暗而变成红褐色。其背部的线条和斑点也会变色，在白天呈黄色，在夜晚呈红色。此外，哥伦比亚树蛙从吻端到身体两侧有浅褐色的线条；虹膜呈白色，夜间会稍显褐色；瞳孔在水平方向呈细长状。繁殖期，雄性的喉部会变为亮色。哥伦比亚树蛙包含几个亚种，其背部斑纹的形状各有不同。它们栖息在河曲或池塘附近的草地上。

　　需要注意的是，哥伦比亚树蛙在四肢蜷缩的状态下不太容易观察它的胖瘦，如果四肢伸展开后发现过细，可能说明该个体营养不良。

白天的体色

夜间的体色

囚人树蛙 | *Hyla calcarata*

主要分布地（国家或地区）：南美洲中部以北

体　长：4cm~5.5cm

　　囚人树蛙是一种四肢细长的雨蛙蛙类，有时与几个近似种被单独列为一个属。其特征是踵部皮肤呈花边状向后突出，形状酷似学名为"calcarata"的植物，因此它的学名中也包含"calcarata"这个词。

　　囚人树蛙体色为浅褐色，白天时更明亮一些；腹部呈白色，虹膜呈奶油色或古铜色。其大腿内侧至体侧为淡紫色，夹杂有细小的

黑色横纹，像极了监狱中囚衣的颜色，因而在英语中被叫作"Convict Tree Frog"（囚犯树蛙），日语名则叫作"囚人树蛙"。与它体型近似的蛙类还有几种，但囚衣式的花纹只有在它身上才能看到。它栖息在河边的森林里，白天躲在树上休息，入夜后才开始活动。活动时，雄性会发出不甚动听的鸣叫声。

海地巨型树蛙 | *Hyla vasta*

雨蛙科

世界两栖动物图鉴

主要分布地（国家或地区）：海地、多米尼加

体　长：9cm~13cm

　　海地巨型树蛙是雨蛙蛙类中体型最大的，大型雌性个体的头部和身体的总长度甚至可以超过14cm。某眼睛大而醒目，四肢修长，弹跳力很强。其指尖的吸盘非常大，四肢外侧有穗头状的褶皱；体表布满粒状突起，十分粗糙；体色为褐色，夹杂有稀疏的绿色或绿褐色地衣状斑块。其分泌物毒性很强，用手碰它时，即使手上没有伤口也会有灼烧感。用手接触海地巨型树蛙时，一定要先确认手上没有伤口，接触过的手不要直接

接触眼睛、嘴等黏膜部位，清洗养殖缸后也一定要认真洗手。

　　它是夜行性动物，捕食大型昆虫或小型蛙类。

　　虽然其空间感知能力很好，但刚把它放进缸里时还是容易在跳跃时撞伤吻部或凸出的眼球，所以尽量给它准备一个宽敞的缸。一旦熟悉缸的尺寸之后，它就不会再随意乱跳了。

毒雨蛙 | *Phrynohyas venulosa*

雨蛙科

主要分布地（国家或地区）：墨西哥、中美洲、南美洲中部以北

体　长：9cm~11cm

毒雨蛙蛙类在受到威胁时，背部的毒腺会分泌出乳白色液体，其英文名"牛奶蛙"也来源于此，但毒性并没有想象的那么恐怖。毒雨蛙是毒雨蛙属蛙类中分布最广的一种。毒雨蛙的体色因产地而异，有的为褐色无斑点，有的背部有暗色斑纹，有的为浅褐色；体表有疣状突起，有的品种突起明显，有的则不明显。因此，毒雨蛙很有可能被划分为更细的几个亚种或种。它栖息在原始森林或次生林中，有时也会接近人类聚居地。其食量很大，主要以小型蛙类或爬行类动物为食。

毒雨蛙的分泌液粘到人的黏膜上会使人产生刺激感，而且这种分泌液粘到手上很难洗掉，一定要注意。

牛奶蛙 | *Phrynohyas resinifictrix*

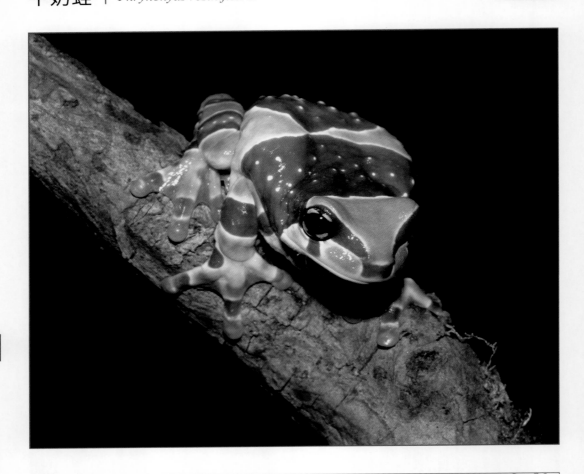

主要分布地（国家或地区）：南美洲北部、西部

体　长：6.5cm~7.5cm

　　牛奶蛙的体色因产地不同而有一定的差异，牛奶蛙的虹膜呈金色，有十字形黑色线条。同其他毒雨蛙蛙类一样，牛奶蛙在受到威胁时，体表的毒腺可以分泌液体以自卫。它栖息于森林中，在树洞及其附近活动。牛奶蛙的繁殖也仅仅是在积水的树洞中完成，几乎不会到地面上活动。

　　牛奶蛙是十分容易生存的动物，但有的种群体质较弱。发育到一定程度后的牛奶蛙比较耐干燥，但对于体表的疣状突起尚未发育完全之前的幼小个体，还是要注意提高夜间湿度。

饲养环境下的幼体

棘无囊蛙 | *Anotheca spinosa*

雨蛙科

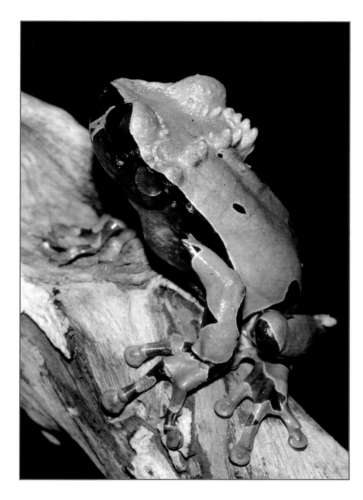

雄性头部

雌性的突起较小

刚刚登陆的幼蛙

主要分布地（国家或地区）：墨西哥南部、洪都拉斯东部、哥斯达黎加、巴拿马西部
体　长：6.8cm~8cm

　　棘无囊蛙是雨蛙科蛙类中外形十分独特的物种，棘无囊蛙属之下只有一个种。它的头后部排列着一排骨质突起，就像戴着一个大头盔。它的体色为紫灰色、蓝灰色或灰褐色；腹部与体侧呈黑色，身体侧面的黑色斑纹延伸到背部；眼窝到鼓膜及鼻孔周围也有黑色，像是戴着口罩；虹膜呈红褐色。雄性可以鸣叫但没有鸣囊。棘无囊蛙在哥斯达黎加的一部分地区较为常见，但在大部分地区分布很稀疏，在墨西哥与洪都拉斯发现的数量都非常少。它们生活在云雾林中，全年都在活动。由于它们喜欢夜行及隐居的生活方式，所以在野外很难见到。

　　饲养环境下的棘无囊蛙也同样习惯待在隐蔽处，常常潜伏在水槽、躲避洞或木头下面。棘无囊蛙的幼体以雌性排出的未受精的卵为食，因此雌性会经常到幼体生存的水域来排卵，但它们并不一定是这些幼体的亲生母亲。

亚马孙边缘叶蛙 | *Cruziohyla craspedopus*

世界两栖动物图鉴

主要分布地（国家或地区）：哥伦比亚、厄瓜多尔、秘鲁、巴西东北部的亚马孙河流域

体　长：7cm~13cm

　　亚马孙边缘叶蛙是一种大型树栖雨蛙科蛙类。它的体色为深蓝色，背部及四肢有很多银白色细长斑纹，腹部及四肢内侧、肋部呈鲜艳的橙色，肋部有暗色斑纹。它的虹膜呈银色，眼睛边缘为黄色，瞳孔在垂直方向呈细长状，与红眼树蛙属及叶泡蛙属蛙类相同。亚马孙边缘叶蛙在外观上区别于红眼树蛙的特征是其嘴唇周围和四肢上有花边状褶皱，后肢胫部尤其明显。它栖息在低地的热带雨林里，主要活动于高大树木的树冠上，住在树洞或者寄生植物的叶丛中，很少到地面上活动。雨季到来时，亚马孙边缘叶蛙会从树冠上下来进行繁殖，并在靠近水面的树叶上产卵。雄性只有雌性的一半大小，受到威胁时会把身体膨胀起来、低下头部展开防御姿势。

金眼叶蛙 | *Cruziohyla calcarifer*

主要分布地（国家或地区）：哥伦比亚、厄瓜多尔、秘鲁、巴西东北部亚马孙河流域

体　　长：5cm~9cm

　　辉雨蛙属下有两个种，一个是亚马孙边缘叶蛙，另一个就是金眼叶蛙。金眼叶蛙雄性体长 5.1cm~8.1cm，雌性体长 6.1cm~8.7cm，略小于亚马孙边缘叶蛙。与亚马孙边缘叶蛙雌雄个体之间巨大的体型差异相比，金眼叶蛙的雌雄体型差异不是很大。金眼叶蛙的体格结实，头部较宽；体色为深绿色，偶尔有蓝色斑点。它的腹部、四肢内侧及肋部呈黄色或红黄色，蹼及指尖呈橙色，肋部及胫部有紫黑色斑纹；虹膜呈灰色或紫灰色，眼睛边缘呈黄色；身体侧面及嘴的四周没有明显褶皱。金眼叶蛙栖息在低地的湿润树林或热带雨林中，有时会张开四肢，利用空气阻力从一棵树滑翔到另一棵树上。

腹部

红眼树蛙 | *Agalychnis callidryas*

世界两栖动物图鉴

主要分布地（国家或地区）：中美洲

体　　长：3cm~7cm

　　红眼树蛙是红眼树蛙属的代表物种，有着醒目鲜艳的红色虹膜。红眼树蛙属中的多数蛙类都有带颜色的虹膜，但并不是全体成员都拥有红眼树蛙这样的红色眼睛。红眼树蛙体色为浅绿色，背部偶有黄色或白色小斑点。其身体侧面及四肢的颜色因产地不同而各异，有时会被分为不同的亚种。原产于墨西哥至洪都拉斯一带的个体背部与肋腹部之间没有浅色线条，四肢呈橘红色。原产于尼加拉瓜大西洋沿岸至哥斯达黎加一带的个体

背部与肋腹部之间有浅色线条，肋腹部呈深绿色。原产于巴拿马及哥斯达黎加东南部的个体背部与肋腹部之间偶有浅色线条，且腹部有多条横向线条，肋部呈蓝色或紫褐色，四肢为绿色或橘红色。此外，该种群的虹膜多为深色调。上述特征可能并不适用于各种群内的全部个体，特殊个体或过渡期个体也是存在的。

　　虽然红眼树蛙生活在低地森林中，十分容易受到人类开发活动的影响，但其栖息

左侧为饲养环境下繁殖的个体，右侧为捕获的野生个体

红宝石眼叶蛙

圣路易波特西（墨西哥）产

地并不局限于原始森林，在次生林中也有广泛分布。白天它一般在叶荫处闭着眼、团起四肢休息，以防水分蒸发。现在红眼蛙属（*Agalychnis*）所有种已经被列入《华盛顿公约》附录 II 名单中。

黑眼树蛙 | *Agalychnis moreletii*

世界两栖动物图鉴

主要分布地（国家或地区）：墨西哥至萨尔瓦多

体　　长：5cm~7.5cm

　　黑眼树蛙是分布在中美洲的大中型红眼树蛙蛙类。它的虹膜呈红黑色，眼周略带蓝色；体色为浅黄绿色，背部有白斑；身体侧面呈淡紫色，没有斑纹；四肢呈浅橘红色，夹杂有粉色。与红眼树蛙相比吻端稍长，指尖的吸盘更大。分布在巴拿马至哥伦比亚的滑红眼蛙（*Agalychnis litodoryas*）与黑眼树蛙外观十分相似，常被混淆。黑眼树蛙栖息在低地山区及高湿的森林中，由于栖息地遭到破坏，其数量正在减少。它对外界刺激十分敏感，必须要等到天完全黑下来之后才会开始活动。

　　在饲养黑眼树蛙时，最好选用高一点的缸，夜间要保持喷雾让它苏醒，白天则要保持通风，营造干燥的环境。

无尾目

白点树蛙 | *Agalychnis spurrelli*

主要分布地（国家或地区）：哥斯达黎加、巴拿马、哥伦比亚、厄瓜多尔

体　　长：6cm~9cm

白点树蛙外形与红眼树蛙十分相似，身体侧面呈淡紫色或淡粉色，没有斑纹；背部呈淡黄绿色或浅绿色，多夹杂有黑边白斑（本属蛙类的背部斑点周围都有边框，但哥斯达黎加所产白点树蛙的斑点周围没有边框），且白斑的位置上有疣状突起；手指呈橙色；虹膜的颜色比红眼树蛙更深，为深红色或黑红色。白点树蛙栖息在低地上降水丰沛的云雾林中，主要在高大树木的树冠里活动，几乎不会下到地面来。它们用四肢抓着树枝或爬藤活动，有时会张开身体，在树木间跳跃滑翔。

饲养白点树蛙时可以在缸里摆一盆观叶植物，方便它趴在上面休息及在夜间活动。

喂食昆虫时要把昆虫的脚和翅膀折断，或装在食盒里喂，免得昆虫到处跑。

无斑点个体

蓝边树蛙 | *Agalychnis annae*

主要分布地（国家或地区）：哥斯达黎加

体　长：5.7cm ～ 8.4cm

　　红眼树蛙属的 6 种蛙类之中的 5 种都有红色或红黑色的虹膜，它们只有颜色深浅的分别。但蓝边树蛙是个例外，其虹膜呈黄色。蓝边树蛙在红眼树蛙属的蛙类中算是中等体型，雌性体型略大于雄性。蓝边树蛙身体细长，与红眼树蛙相近；背部光滑，呈黄绿色；肩部至腕部呈桃色或紫色，四肢的其余部分呈蓝色；身体侧面有模糊的蓝色线条并延伸到淡橙色腹部。刚完成变态的幼蛙身上看不到这些蓝色线条，但随着生长发育会慢慢地显现出来。它的指尖为盘状，呈与背部相同的黄绿色，夹杂有蓝色或橙色；虹膜呈黄色至金黄色，眼周有黑色外框。它栖息在哥斯达黎加中部峡谷附近的森林中，在树上活动，

在居民区附近的庭院或水洼里可以见到它们的幼体。

幼体

巨人猴树蛙 | *Phyllomedusa bicolor*

主要分布地（国家或地区）：南美洲北部、西北部

体　　长：9.5cm~12cm

　　巨人猴树蛙是叶泡蛙蛙类中体型最大的，也是南美洲树栖蛙类中体型最大的种类。巨人猴树蛙的英文名叫"Giant Monkey Tree Frog"。它的头部硕大，棱角突出；耳腺很大，从眼睛后方一直延伸到肩部；虹膜呈灰色，瞳孔在白天呈纵向狭长状。叶泡蛙的共同特征是前肢手指十分擅长抓握物体，可以用前肢牢牢抓住树枝。它们生活在森林中，主要在树上活动。叶泡蛙蛙类的皮肤能分泌刺激性物质，用手触摸它时要小心。

　　饲养巨人猴树蛙时要选用通风良好的缸，用鸟笼也可以。要注意的是，树栖蛙类喜欢在夜间多雾的环境中活动，如果夜里不给它喷雾的话，它就会一直睡觉。

幼体

虎纹腿猴树蛙 | *Phyllomedusa hypochondrialis*

雨蛙科

模式亚种

主要分布地（国家或地区）：南美洲中部以北

体　　长：4cm~4.5cm

　　虎纹腿猴树蛙是一种小型叶泡蛙蛙类，从哥伦比亚到阿根廷分布广泛。它的体色会根据外部温湿度而变化，有浅黄绿色、灰绿色、橄榄绿色、绿褐色等；前肢及后肢根部、腿内侧呈橙色，有黑色条纹，多数情况下条纹规则排列，但也有从大腿根部到体侧呈倒V字排列的。

　　虎纹腿猴树蛙有两个亚种，模式亚种的上唇边缘白色线条较宽，连接到眼睛下方。另一个橙腿猴树蛙（*P. h. azurea*）的上唇颜色与背部颜色相同，白色边缘很细。虎纹腿猴树蛙是树栖蛙类，生活在开阔的森林或草地上。它是夜行性动物，白天就待在矮树丛的树叶上休息。它的动作迟缓，活动不频繁。

　　虎纹腿猴树蛙不太喜欢贴在墙壁上，而是喜欢在树枝间活动，因此饲养时最好多在缸中摆设一些茎干或枝条细长的植物。

橙腰叶蛙亚种

蜡白猴树蛙 | *Phyllomedusa sauvagii*

主要分布地（国家或地区）：巴拉圭、巴西、玻利维亚、阿根廷

体　长：6cm~8cm

　　蜡白猴树蛙是叶泡蛙蛙类中特别适应干燥环境的种类，分布在大查科平原。为了防止水分蒸发，它的皮肤能分泌油性液体，并把这种液体像涂蜡一样涂抹在体表；它的尿并不是液体，而是固体尿酸。这些特征都是在干燥地区特化之后的结果。蜡白猴树蛙有发达的耳腺，成熟个体的背部有许多疣状突起。它的指尖没有吸盘，也没有蹼；体色为橄榄色、黄绿色或灰绿色，颜色会根据环境明暗、干湿而改变。蜡白猴树蛙在树上生活，为了防止干燥，白天它会在体表涂满分泌液，安静地待在树上。

　　长期处于低温潮湿的环境下它会生病，所以饲养时要注意使用通风良好的缸（至少白天必须保持通风）。白天可以在缸内一角开一盏小灯，这样会使它的状态更好。

幼体

白线猴树蛙 | *Phyllomedusa vaillantii*

主要分布地（国家或地区）：南美洲东北部至西北部、西部
体　长：5cm~7cm

白线猴树蛙头部很大，棱角分明。其体表粗糙，四肢表面被粒状突起所覆盖；耳腺从眼睛上方延伸到背部外侧，表面排列着白点，看上去像一条虚线。它的体色有浅绿色、黄绿色和深绿色等；腹部呈灰色，喉部有一对奶油色斑纹；胸部有绿斑，四肢内侧呈橘红色；身体侧面有一排橙色或奶油色斑点。它栖息在原始森林或次生林中，常见于溪流边的树上。它是夜行性动物，白天待在树上休息。

与属内其他蛙类一样，白线猴树蛙的动作也非常迟缓，如果给它喂食运动迅速的昆虫它很有可能抓不到。所以喂食之前，最好先把昆虫的四肢和翅膀摘下来，然后再放在食盒里。

蛙类的防干燥对策

两栖动物从出生到成年后的基本生活都离不开水，它们体内的水含量很高，任何一种两栖动物都无法离开水而生存。即使那些生活在沙漠或萨瓦纳草原等干旱地区的两栖动物，也会用各种方法从外界汲取水分，并把水分牢牢锁在体内。

例如澳大利亚的沙地里居住着一种储水蛙。它们在雨季爬到地面上来将水储藏进体内，雨季结束它们就钻进地下，做一个茧待在里面，慢慢使用自己储存好的水。在缺水的日子里，当地原住民甚至会挖出这种蛙类，把它们体内的水挤出来饮用。世界上还有许多其他蛙类用同样的办法储水，比如非洲的馒头蛙、美国的锄足蟾等。在旱季地面水分干涸时，珍珠蛙也会在泥里做一个茧，然后钻进去休眠。

在没有大面积水域的地方，蛙类就会利用树洞和植物叶腋（叶片与枝条之间所形成的夹角叫作叶腋）里积存的水来生存。箭毒蛙、艾氏树蛙就在这样的水洼里养育幼体。而树栖蛙类大多会把四肢团起来、闭上眼，以此来减小体表面积，从而减少水分蒸发。绿树蛙、红眼树蛙以及叶泡蛙等多种蛙类都有这种行为。它们并非生活在干旱地区，但当白天在树上睡觉时，通风的环境很容易使水分流失，因此它们也会采取相应的措施来防止干燥。而生活在干燥平原上的蜡白猴树蛙，连尿都是以固体尿酸的形式排出，以节约排尿带走的水分。

它们还会分泌蜡状物质，并把分泌物涂在身上，从而抑制体表的水分蒸发。

对于生活在远离水源地的蛙类来说，这些防干燥对策是必备的生存技能。

趴在树叶上的红眼树蛙把四肢团在一起，以减少水分蒸发

墨西哥叶蛙 | *Pachymedusa dacnicolor*

主要分布地（国家或地区）：墨西哥
体　长：8cm~10cm

低地干燥的落叶林中，雨季时会集中到池塘及水洼里繁殖产卵。

　　饲养墨西哥叶蛙要选用干燥的缸，切忌过度潮湿。缸内应常设一处水池，夜间喷雾。墨西哥叶蛙的食量很大，但喂食时应注意要喂给它小块的食物，如果喂的食物太大则可能会引发脱肛。

　　墨西哥叶蛙分布于墨西哥，是仅有一属一种的雨蛙科蛙类。它与叶泡蛙属及红眼树蛙属是近亲，这 3 个属共同构成叶泡蛙亚属，列于雨蛙科之下。墨西哥叶蛙体型肥胖多肉；成体的耳腺多下垂，搭在鼓膜上；体色为浅绿色，背部有白斑；虹膜呈黑色，夹杂有细小的白斑。雌性与雄性的吻端形状不同，雄性的吻端较尖，雌性的吻端较圆。它栖息在

幼体

065

雨蛙科

乳色圆吻蛙 | *Sphaenorhynchus lacteus*

主要分布地（国家或地区）：南美洲西北部、
巴西、玻利维亚
体　长：3.5cm~4.5cm

中它的体型最大，且背部没有暗色斑纹。乳色圆吻蛙栖息在森林或靠近森林的萨瓦纳草原上，常见于水边的草丛及沙洲上，一旦受到惊扰就会立即逃进水中。

　　乳色圆吻蛙的运动速度很快，打理养殖缸时必须小心不要让它跑出来。它在饲养环境中也需要躲避洞，最好用树皮、木板或木段给它搭建一个可以栖身的地方。如果缸里没有躲避洞的话，它就会钻到土层里面去。它受伤之后，伤口处会呈现淡蓝色。

　　圆吻蛙蛙类的吻端长而尖，从上方看起来很突出。乳色圆吻蛙头部形似斧头，因而它有一个英文名叫"斧面大雨蛙"；体色为微透明的绿色，白天略带蓝色，夜间略带黄色。与它类似的种有很多，但在圆吻蛙蛙类

包迪树蛙 | *Smilisca baudinii*

主要分布地（国家或地区）：中美洲
体　长：7.5cm~9cm

包迪树蛙是分布在墨西哥的雨蛙科蛙类中体型最大的种类。它的手脚都比较短，体型短粗，头部扁平，前肢内侧有瘤状突起。不同个体之间体色有差异，且可以快速变换体色。它的背部有暗斑，眼睛下方到上唇有黑色线条，线条四周呈黄绿色、灰色和奶油色等，多与体色不同。雄性的鸣囊呈灰色，长在左右两边。它栖息在从半干旱地区到湿润地区的多种气候环境里，在山间、城市附近或住宅后院里都能看到它们的身影。它在树洞里度过旱季，繁殖期到来时就集中到产卵地繁殖。在墨西哥的韦拉克鲁斯，它们曾创下过 45000 多只个体聚集在一个池塘里的纪录。

包迪树蛙很容易养活，无论喂食什么食物基本都会吃，生命力顽强。

黑眉树蛙 | *Smilisca phaeota*

主要分布地（国家或地区）：中美洲南部至南美洲西北部
体　长：6cm~7cm

黑眉树蛙外观与包迪树蛙很相似，但眼睛下方到上唇没有黑色线条，前肢内侧也没有瘤状突起。它身上有一条黑色线条，从鼻孔开始通过头部侧面到达肩头，眼窝与上唇之间多呈绿色。这样的条纹看上去很像面具，所以在英语里叫"墨西哥面具树蛙"。它的体型扁平，吻端较圆；体色可以变化，一般白天是白色，夜间是灰色或绿色。它的背部有橄榄绿色或褐色斑点，斑点形状各异。它栖息在低地的热带雨林中，在干燥地带没有分布。它是夜行性动物，白天趴在大片叶子上或植物的叶腋里休息。

里氏囊蛙 | *Gastrotheca riobambae*

| 主要分布地（国家或地区）：哥伦比亚、 |
| 厄瓜多尔 |
| 体　长：5cm~8cm |

蛙在幼体期离开母体，离开时用后肢爬出育子囊。囊蛙属中含有众多物种，其中许多物种十分类似，而很多同种蛙的雌雄个体之间颜色大不相同，所以很难分辨。里氏囊蛙体色为绿色、褐色或灰褐色，背上有两列暗色粗线条，主要栖息在原始森林或次生林中。

囊蛙蛙类分布在南美洲北部至西部，属于雨蛙科，以其独特的繁殖方式闻名于世。雌性产卵时会把后肢翘起，使受精卵流入背上的育子囊中。育子囊只有雌性才有，受精卵在囊中发育，发育到幼体或幼蛙状态后再离开母体。有的种类在幼体期就会离开，有的种类要等到长成幼蛙后才会离开。里氏囊

另一种个体

067

雨蛙科

鸭嘴树蛙 | *Triprion petasatus*

| 主要分布地（国家或地区）：墨西哥、危地 |
| 马拉、伯利兹、 |
| 洪都拉斯北部 |
| 体　长：3.5cm~4.5cm |

在植物根部或树洞里，并用头部抵住洞口以防止洞内干燥。降雨过后，它们会出来繁殖产卵，繁殖后雌性和雄性都会马上离开。鸭嘴树蛙在一些地区是很常见的蛙类。

鸭嘴树蛙属是头部形状特化后的雨蛙科蛙类，属中含有两个物种。铲头蛙分布在墨西哥尤卡坦半岛以南的地区，鸭头蛙（*Triprion spatulatus*）分布在尤卡坦半岛以北的地区。

鸭嘴树蛙头顶部的皮肤粘连在骨骼上，且质地坚硬，上颚呈突嘴状伸出。它的体色为有光泽的浅褐色或灰褐色，背上有暗色斑纹；眼睛向左右两侧突出，虹膜呈金色。它栖息在低地落叶林或萨瓦纳草原上，旱季待

鸭嘴树蛙食欲旺盛，而且会捕食小型蛙类，因此不要把它和其他小型蛙类养在一起。白天缸内要保持环境干燥，夜间喷雾提高湿度，这也是饲养中南美洲树栖型蛙类的共通方法。

鸭头蛙

巨雨滨蛙 | *Litoria infrafrenata*

068

世界两栖动物图鉴

主要分布地（国家或地区）：新几内亚岛、俾斯麦群岛、澳大利亚北部

体　长：6cm~13.5cm

　　雨滨蛙属蛙类在大洋洲分布广泛，属下的种也很多，生活形态有树栖、陆栖、半水栖等。巨雨滨蛙是雨滨蛙属中体型最大的蛙类，在全体蛙类中也算得上大型蛙之一。它的体色为鲜艳的绿色或黄绿色，可变化成褐色；下唇有白边，身体变色时白边不会随着变色。它栖息在热带雨林、硬叶林、耕地和住宅周边等多种环境里，主要生活在树上，喜欢在温暖湿润的夜间活动。

　　因为巨雨滨蛙体形硕大，所以要注意不能把它和小型蛙类养在一起，否则小型蛙有可能被它吃掉。它十分好动，很多个体在运输过程中可能会撞伤鼻子。对于受伤的个体要注意通风，特别是白天一定要保持缸内干燥，这样才能让它尽快痊愈。

绿雨滨蛙 | *Litoria caerulea*

老年个体

变异个体

> 主要分布地（国家或地区）：新几内亚岛、澳大利亚北部至东部
>
> 体　长：7cm~12cm

　　绿雨滨蛙是一种大型蛙类，在饲养环境下可以长到10cm以上，甚至曾报道过有体长将近13cm的雌性绿雨滨蛙。老年绿雨滨蛙眼睛上方至后颈部的皮肤隆起，看上去像是戴了一块头巾。绿雨滨蛙体色为浅绿色至褐色，可以变色，背部多有小白斑。饲养条件下繁育的个体中，有的体色为浅蓝色或淡青色。它在耕地及住宅附近生活，经常闯入屋子里。

　　绿雨滨蛙生命力非常顽强，它食量很大，以小型哺乳类、爬行类、鸟类为食。等它习惯喂养生活之后，可以用镊子喂一些肉片或冷冻饵料，它也会吃得非常开心。绿雨滨蛙皮肤毒性较强，不要将它和其他蛙类养在一起，并给它留出足够的空间。此外，底土和缸壁都要保持清洁。

绿雨滨蛙变异个体

绿金雨滨蛙 | *Litoria aurea*

主要分布地（国家或地区）：澳大利亚东南部（已
被引进到新西兰）

体　长：5cm~8cm

　　绿金雨滨蛙体型与黑斑蛙近似，是雨滨蛙属中的一个物种。雨滨蛙属中，有许多像绿金雨滨蛙这种过着半水栖半树栖生活的蛙类，体型不一。它的背部光滑，没有明显的突起；体色为绿色、褐色相间，两种颜色的面积比例不确定。在明亮干燥的地方，褐色部分会变成金色或古铜色。它栖息在水池、沼泽附近，偏向水栖生活。

　　绿金雨滨蛙食欲旺盛，只要它能吞得下，就会不断捕食其他蛙类。在新西兰，人们将绿金雨滨蛙视为外来生物而进行驱逐。但在澳大利亚，它们是原生物种。在英语里，有时人们会叫它"金钟蛙"。

澳大利亚红树蛙 | *Litoria rubella*

主要分布地（国家或地区）：新几内亚岛、印度
尼西亚、澳大利亚

体　长：3cm~4cm

　　澳大利亚红树蛙是一种小型雨滨蛙蛙类，体型细长，头部小巧。它的体色为灰褐色，可变为有珍珠光泽的浅奶油色、暗褐色，一般夜间及潮湿环境下颜色会变暗。它分布在澳大利亚全境、印度尼西亚的部分地区及新几内亚岛。可能存在几种尚未明确的种，今后可能会将一些种群单独列为新种。它们居住在树上或树丛中，活动于季节性沼泽或永久性水域中。在澳大利亚，它们主要分布在东海岸森林地带至中部沙漠地带间的多种环境里，有时会生活在建筑物的供水管道里。

　　虽然澳大利亚红树蛙是小型蛙，但它的生命力却很顽强，和绿雨滨蛙一样十分耐干燥，而且对高湿环境的耐受力比绿雨滨蛙还要强。

网纹玻璃蛙 | *Hyalinobatrachium valerioi*

主要分布地（国家或地区）：哥斯达黎加、巴拿马、哥伦比亚、厄瓜多尔
体　　长：1.9cm~2.6cm

　　肢刺蛙科含有 12 个属、150 个种，成员都是树栖蛙类，外形与雨蛙科雨蛙属蛙类很接近，但亲缘关系较远。肢刺蛙科蛙类有两大特征，一是眼睛不向上长而向前长，二是身体半透明。网纹玻璃蛙体色为半透明的黄绿色，透过半透明的腹部可以看到它的内脏；背上有成团的黄白色圆斑，当它收起四肢时很像自己的卵。这种外观是由它们的习性导致的，雌性在树叶上产卵后，雄性会一直守护着受精卵（自己也拟态作卵块状），它们为受精卵驱赶苍蝇、用尿润湿卵块并禁止其他雄性靠近受精卵。

　　饲养网纹玻璃蛙时，要在缸里多布置一些植物，喂食时尽量喂小粒的饵料。

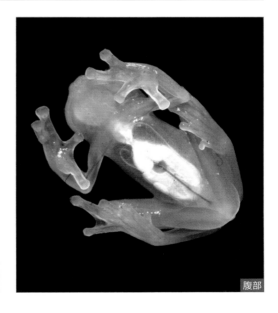

腹部

森树蛙 | *Rhacophorus arboreus*

世界两栖动物图鉴

主要分布地（国家或地区）：日本

体　　长：4cm~8cm

　　树蛙属中的成员都是树栖蛙类，其生活方式与雨蛙属蛙类相似。森树蛙是分布在日本的树蛙蛙类中体型较大的一种。森树蛙体色为深绿色，部分地区的衣笠树蛙背上有红褐色斑纹，且斑纹样式各异。森树蛙虹膜略带红色，背部皮肤粗糙，这两点特征可以把它和舒氏树蛙区分开来。森树蛙栖息在森林中，在树上生活。树蛙蛙类及其近亲都采用一种特殊的繁殖方式，它们产卵时会先在树上建造一个泡沫状卵泡，再把卵产在里面。森树蛙交配时，一只雌性通常被多只雄性抱住，它们一起为受精卵搭建卵泡。卵泡都挂在临近水面的树叶上，蝌蚪孵化出来之后就会落进水中。

　　饲养森树蛙时要多设置躲避洞，同时注意避免高温高湿。

正在鸣叫的雄性

有斑纹的个体

饲养环境下繁育的蓝色个体

衣笠树蛙的吻端比舒氏树蛙更尖

挂在树上的卵泡

施氏树蛙 | *Rhacophorus schlegelii*

074

世界两栖动物图鉴

主要分布地（国家或地区）：日本

体　长：3cm~5cm

施氏树蛙看起来很像没有斑点的森树蛙，但体型比森树蛙更小。施氏树蛙体色为黄绿色，可变为深绿色；虹膜呈金色；吸盘不如森树蛙发达，吻端比衣笠树蛙更圆。它栖息在平原及山地中，喜欢在低矮灌木和草地上活动，这一点与在森林里过树栖生活的衣笠树蛙很不同。施氏树蛙喜欢钻进土里，在地下鸣叫。它们产卵时，会在水边的草地或地下搭建卵泡产卵，产卵期一般在 2～7 月，具体时间因地而异。它们在雨后经常出来活动，捕食多种昆虫及蜘蛛。

施氏树蛙不像衣笠树蛙那样敏感，十分好养活。

抱对中的舒氏树蛙

绿树蛙 | *Rhacophorus viridis*

绿树蛙模式亚种

| 主要分布地（国家或地区）：日本 |
| 体　　长：4cm~8cm |

绿树蛙含有两个亚种，一个是分布在冲绳本岛及伊平屋岛的绿树蛙模式亚种（*R. v. viridis*），另一个是分布在奄美大岛及德之岛的奄美树蛙亚种（*R. v. amamiensis*）。奄美树蛙体型略大于绿树蛙，而且大腿内侧有模糊的云雾状黑斑，绿树蛙大腿内侧的斑纹则细小而清晰，这是区分两者的重要特征。两个亚种的体色都是略带蓝色的黄绿色，且能变为深绿色；虹膜呈黄色或黄绿色，有金属光泽。它栖息在低地及山区的森林中，其

中绿树蛙在草地上也有活动。

奄美树蛙比绿树蛙更为敏感，在饲养环境下如果没有躲避洞和足够大的空间可能不会进食。

虽然它们生活在温暖的西南群岛，但在饲养时最好保持凉爽的环境。

奄美树蛙亚种

树蛙科

奥氏树蛙 | *Rhacophorus owstoni*

| 主要分布地（国家或地区）：日本 |
| 体　　长：4cm~7cm |

奥氏树蛙与绿树蛙的亲缘关系较远，反倒与中国的莫氏树蛙（*Rhacophorus moltrechti*）关系更近。奥氏树蛙体型比绿树蛙更丰满，体色为黄绿色，可变为略带蓝色的深绿色；虹膜呈金色；腹部多呈黄色，肋部

有细小黑斑；大腿内侧呈红色，有细小黑斑。它栖息在平原及山区的湿地或森林中，主要在树上生活，几乎不下地。它的繁殖期在冬季，繁殖时会在水边草丛或树上搭建卵泡，将卵产在里面，繁殖时雌雄成对交配。

很多产自日本的树蛙在饲养环境下都喜欢钻进底土里，所以要注意定期更换底土，保持卫生，否则容易使奥氏树蛙感染疾病。

黑蹼树蛙 | *Rhacophorus reinwardtii*

世界两栖动物图鉴

主要分布地（国家或地区）：中国、印度尼西亚、马来半岛

体　　长：4.5cm~7.5cm

　　在树蛙蛙类中，趾间蹼很发达且能依靠蹼在空中滑翔的蛙类被称为"飞蛙"，在英语中被称为"降落伞蛙"。

　　黑蹼树蛙是树蛙属中的中小型蛙类，雌性体型远大于雄性。黑蹼树蛙趾间的蹼十分发达，从踵部连接到指、趾尖端，呈蓝黑色（有些成熟雌性的蹼会褪色）；体色为淡黄绿色，许多个体发育为亚成体之后略带灰色，出现细小的黑点；指、趾呈黄色、橙色。它多栖息在次生林中，海拔稍高的地方（1200m以下）也能见到它的身影。

　　饲养黑蹼树蛙时宜选用通风良好的缸，并注意夜间喷雾。它的食量不大，喜欢小粒食物。

黑掌树蛙 | *Rhacophorus nigropalmatus*

主要分布地（国家或地区）：印度尼西亚、马来西亚、
泰国

体长：9cm~10cm

　　常有马来黑蹼树蛙被冠以黑掌树蛙的名字，但它们是完全不同的物种。黑掌树蛙在树蛙属蛙类中算是大型蛙类，头部宽、眼睛大。它的指、趾细长，尖端有大吸盘，蹼非常发达。它的前肢边缘及腋下、踵部的皮肤可以展开，在滑翔时可以增大身体表面积。其体色为浅黄绿色，体侧及四肢边缘、指尖呈黄色，蹼的根部呈黑色。它栖息在原始森林中，在树上生活。黑掌树蛙是由伟大的探险家、博物学家阿尔弗雷德·拉塞尔·华莱士发现的，因此又被称为"华莱士飞蛙"。

　　饲养黑掌树蛙时要给它留出充足的活动空间，否则它很容易撞伤自己的吻端。

翡翠飞蛙 | *Rhacophorus prominanus*

主要分布地（国家或地区）：马来西亚、泰国

体　长：4.5cm~7.5cm

　　马来半岛分布有多种树蛙蛙类，翡翠飞蛙是其中一种，有时又被称为"马来飞蛙"。翡翠飞蛙体色为半透明的绿色，夜间颜色会变深，略带蓝色；背部有细小的黑斑或白斑；后肢的蹼呈红色，十分醒目；体型略细长，四肢也较长，头部很小。在热带雨林的树冠层及低海拔地区随处可见它们的身影，繁殖时它们会在水边搭建卵泡，将卵产在里面。

　　翡翠飞蛙食量偏小，刚开始饲养时要准备体型小、运动缓慢的昆虫饵料。过于闷热或过于低温的环境都不利于它的健康，最好将温度控制在 18℃ ~23℃。

双斑树蛙 | *Rhacophorus bipunctatus*

世界两栖动物图鉴

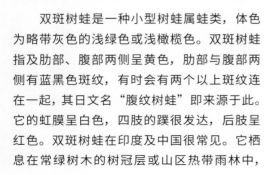

主要分布地（国家或地区）：马来半岛、越南、老挝、柬埔寨、缅甸、泰国、中国

体　长：3.5cm~5.5cm

　　双斑树蛙是一种小型树蛙属蛙类，体色为略带灰色的浅绿色或浅橄榄色。双斑树蛙指及肋部、腹部两侧呈黄色，肋部与腹部两侧有蓝黑色斑纹，有时会有两个以上斑纹连在一起，其日文名"腹纹树蛙"即来源于此。它的虹膜呈白色，四肢的蹼很发达，后肢呈红色。双斑树蛙在印度及中国很常见。它栖息在常绿树木的树冠层或山区热带雨林中，主要在沼泽及溪流附近活动。繁殖时它会将卵泡挂在临水的枝头。

　　受运输时的状态影响，一些养殖的个体会比较瘦。它的食量不是很大，所以在购买时应尽量选择丰满的个体。不过由于其腰部骨骼突出，所以即使健康的个体腹部也会显得很瘦。

大树蛙 | *Rhacophorus dennysi*

主要分布地（国家或地区）：中国、缅甸、越南	
体　　长：6cm~9cm	

山区溪流附近及平原森林中，繁殖时会将卵泡挂在临水的树上。人们经常错将它与其他近似物种搞混，它的分布地及体长的记载资料中可能误记有一些其他物种的内容。它有时会被分在泛树蛙属（*Polypedates*）之下。

　　大树蛙的弹跳力很强，在缸里很容易撞伤鼻子。但撞过几次之后它就会认识到缸的空间大小，不会再乱跳了。它的伤口恢复很快，伤口不大的话不用担心。雌性大树蛙能长得很大，所以要用足够大的缸来养。

　　大树蛙体色为鲜艳的绿色，肋部有连续的白斑，有的背部也有褐色斑点。它的体型较大，一些个体体长可达 10cm。它栖息在

079

白颌大树蛙 | *Rhacophorus maximus*

主要分布地（国家或地区）：尼泊尔、印度、中国、	
泰国、越南	
体　　长：8cm~12cm	

蛙的最大个体的体长也就 10cm 左右，而白颌大树蛙的体长比它长得多。白颌大树蛙与大树蛙可以通过观察背部斑纹的有无或指尖的颜色来分辨，但实际上两者常被混淆，而且可能都存在未经记录的隐藏种或者雌雄个体间的差异，所以判断标准还不明确。白颌大树蛙体色为黄绿色，虹膜呈白色；头部较大，有着盘状的指尖和发达的蹼；弹跳力非常强，最高纪录能跳出 1.2m 之远。

　　因为白颌大树蛙体形硕大，所以它不仅吃昆虫，也会捕食其他蛙类或爬行类动物。

　　白颌大树蛙是树蛙属中体型最大的蛙类，雄性体长 8cm 左右，雌性体长 11.5cm 左右，有报告称一些个体的体长远超过了这个长度。它也常被叫作"越南大树蛙"，有时人们认为它与大树蛙是一个物种，但大树

谷耳泛树蛙 | *Polypedates otilophus*

主要分布地（国家或地区）：印度尼西亚、马来西亚
体　长：6.4cm~9.7cm

谷耳泛树蛙是大型泛树蛙属蛙类。它的头部较宽，呈三角形，边缘坚硬，头的后部及嘴角突出；眼后及鼓膜上方有醒目的突起，四肢细长。这些外观特征使它看上去像是戴了一顶头盔。它的体色为灰褐色至浅褐色，身上细细的深色条纹；大腿内侧呈略带蓝色的淡紫色。它常见于高大树木及水塘周边的茂密植物中，捕食多种昆虫及蜘蛛，特别喜欢树栖蟋蟀科昆虫。遭到敌人捕捉时，它能散发出难闻的霉臭味，以此自卫。

刚开始饲养时它可能会不太安分，大大的头部很容易被缸壁撞伤。因此，饲养时必须选用宽敞的缸，并在缸内设置可供它隐蔽的植物。

大灰攀蛙 | *Chiromantis xerampelina*

主要分布地（国家或地区）：非洲东部至南部
体　长：4cm~9cm

大灰攀蛙是一种适应干燥环境的大型树栖蛙类。雌性体型大于雄性，体型敦实。它们出了名地喜欢日光浴，人们经常看到它们趴在枝头晒太阳。大灰攀蛙体温上升到一定程度之后体色就开始变白，这一机制可以防止体温过高。它的体色为略带灰色的浅褐色，夹杂有暗色斑纹。分布在北方的大灰攀蛙喜欢湿润的环境，生活在落叶林及湿度较高的草地上；分布在南方的大灰攀蛙则更喜欢干燥的草地。繁殖时它会在临水的树枝上建造卵泡，因而在英文中得名"泡巢蛙"。

饲养大灰攀蛙时不能使环境过于闷热，最好在缸里设置一盏照明灯供它取暖。它的食欲很旺盛，会积极地捕食投喂的昆虫。

红腹锦蛙 | *Nyctixalus pictus*

树蛙科

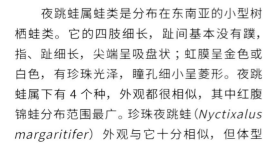

主要分布地（国家或地区）：印度尼西亚、马来西亚、菲律宾、泰国、越南

体　长：3cm~3.5cm

　　夜跳蛙属蛙类是分布在东南亚的小型树栖蛙类。它的四肢细长，趾间基本没有蹼，指、趾细长，尖端呈吸盘状；虹膜呈金色或白色，有珍珠光泽，瞳孔细小呈菱形。夜跳蛙属下有 4 个种，外观都很相似，其中红腹锦蛙分布范围最广。珍珠夜跳蛙（*Nyctixalus margaritifer*）外观与它十分相似，但体型比它更大也更丰满。红腹锦蛙体表遍布粒状突起，但与同属其他种相比，其突起既不大也不密集。它的体色为亮褐色或红褐色，略有透明感，背部及四肢散布白色斑点。它栖息在森林中，主要见于树木较低的位置。

　　饲养环境下的红腹锦蛙喜欢安静地待在水边或把身体浸在水里，通常在夜间活动。

越南苔藓蛙 | *Theloderma corticale*

树蛙科

> 主要分布地（国家或地区）：越南
> 体　长：6cm~8cm

　　越南苔藓蛙是一种棱皮树蛙属蛙类，该属的蛙类体表大多遍布着颗粒状、瘤状或褶皱状的突起。这样的皮肤使它与树皮、苔藓浑然一体，巧妙地融入了周围环境。

　　越南苔藓蛙是棱皮树蛙属蛙类中的大型蛙类，体色与苔藓极为相似，有灰绿色、浅绿色、深绿色、红褐色和黑褐色等。其拟态程度非常高，如果它静坐不动的话，看上去完全就是一块苔藓。越南苔藓蛙栖息在溪流附近的树洞里，常在水中活动。它生性不太活泼，经常待在同一个位置一动不动。

　　它不喜欢高温，饲养时要注意保持凉爽。其幼体体型大而扁平，长出后肢、开始变态时依然在水中活动。

弱疣棱皮树蛙 | *Theloderma licin*

树蛙科

> 主要分布地（国家或地区）：马来西亚、泰国、
> 　　　　　　　　　　　　越南
> 体　长：2.8cm~3cm

　　弱疣棱皮树蛙是近年才被发现的小型棱皮树蛙属蛙类，与属内其他蛙类不同，弱疣棱皮树蛙的体表光滑没有突起。其体色为奶油色、茶色或褐色；背部、腰部及四肢呈深褐色，夹杂有小白点；吻端、脸颊、鼓膜及腹部偏黑色；虹膜呈深褐色。它栖息在低地及丘陵地区的雨林中，人们对它们的生活还不甚了解。

琉球跳树蛙 | *Chirixalus eiffingeri*

主要分布地（国家或地区）：日本、中国

体　长：3cm~4cm

　　琉球跳树蛙是一种小型树栖蛙类，体态与溪树蛙相仿。其体色为灰褐色至褐色，有时显灰绿色（多见于产自中国的个体），夹杂有暗色斑纹；体表有粗糙的颗粒状突起，四肢修长。

　　它栖息在山区森林，是夜行性动物，枝头或树叶上常有它的身影。雄性有各自的领地，一旦领地遭到入侵，雄性就会上前驱逐、发生打斗。它们会在积水的树洞里产卵，而且一般有多处产卵地点，在一个地方只产很少的卵。幼体以吃未受精的卵为生，雌性会在几处产卵地点之间来回奔波，产下未受精的卵喂食幼体。

　　饲养琉球跳树蛙比较容易，但繁育幼体时的喂食工作必须交给雌蛙来做，主人则需要耐心等待。

伯氏溪树蛙 | *Buergeria buergeri*

主要分布地（国家或地区）：日本

体　　长：4cm~7cm

　　溪树蛙属与树蛙科内的其他属亲缘关系较远，因此单独列为一个亚科。与大多数树蛙科蛙类树栖的习性不同，溪树蛙蛙类居住在溪流附近的陆地上，过着半水栖生活。伯氏溪树蛙是日本的本土物种，栖息在山区的溪流附近，幼体有吸盘状口器，可以吸附在溪流中的岩石上。成体的体色为灰褐色或灰色，雌性体型大于雄性。它生活在山区里，繁殖时雄性会在溪流中的岩石上鸣叫以吸引雌性。

　　伯氏溪树蛙的日文名"河鹿蛙"来源于它颇似鹿鸣的叫声。由于它的叫声优美，长期以来颇受人类喜爱。

　　饲养伯氏溪树蛙比较简单，但要注意它对高温闷热环境的耐受力不高。

日本溪树蛙 | *Buergeria japonica*

主要分布地（国家或地区）：日本、中国

体　长：2.5cm~3.5cm

　　日本溪树蛙比分布在日本本土的伯氏溪树蛙体型更小，体长约是后者的一半。日本溪树蛙体色为灰褐色、褐色或亮黄褐色，个体差异较大，一些个体有红褐色斑纹。其体表有细小的粒状突起。

　　雄性日本溪树蛙的鸣叫声非常动听。产自中国东南部的个体与产自日本的个体叫声不同，因此被列为另一个亚种。与伯氏溪树蛙不同的是，日本溪树蛙的栖息范围不止局限在溪流附近，草丛、森林等多种环境中都有它们活动的身影，而且种群密度较高。它是夜行性动物，夜间经常会爬到山区附近的道路上。其产卵地多为临时性水塘而不是流动水体，甚至有人见到它们在有积水的废弃易拉罐、废木桶里产卵。

　　日本溪树蛙的运动速度很快，弹跳力也很强，所以饲养时要注意不要让它跑掉。

黄绿非洲树蛙 | *Hyperolius viridiflavus*

纵纹非洲树蛙亚种（*H. v. taeniatus*）

世界两栖动物图鉴

主要分布地（国家或地区）：非洲中部至南部

体　　长：2.3cm~3cm

非洲树蛙属包含很多物种，且各个亚种及地区种群变异很多，很难分别，甚至有许多物种尚未明确分类学位置。尤其是黄绿非洲树蛙种，下面包含 17 个亚种，变异非常丰富。即使是同一个亚种，也有众多的色彩差异、地区差异及雌雄差异，因此有人主张将其中的一个亚种分割出来单列为种。相反，也有人认为现在划分的这些亚种只不过是单纯的个体颜色差异。

饲养黄绿非洲树蛙时可不要被它小巧的外观迷惑了，它其实是个大胃王，代谢非常旺盛，要不断地给它喂食。

纵纹非洲树蛙

丽点非洲树蛙 | *Hyperolius argus*

主要分布地（国家或地区）：非洲东部至东南部

体　　长：2.7cm~3.5cm

　　在日本，丽点非洲树蛙又叫"眼镜非洲树蛙"，是非洲树蛙属内体型较大的蛙类。其雌雄间的色彩差异巨大，令人不敢相信它们属于一个物种。雄性体色通常是绿色或黄绿色，眼后有亮色线条，有的背上有黑色小斑点，腹部呈白色。雌性体色为略带红色的浅褐色，背上有黑框白斑，腹部呈橙色。雌性和雄性的身体都为半透明状，可以透过腹部看到里面的内脏。

　　丽点非洲树蛙不仅雌雄间体色存在差异，而且分布在不同地区的个体体色也有差异。分布在莫桑比克至南非的种群雄性为褐色，雌性体表没有圆形斑点而是线条状斑纹，与大斑非洲树蛙十分形似。它们栖息在植被茂密的草地中，在水边活动。它们外表精致，同时生命力也十分顽强。

　　饲养丽点非洲树蛙时，最好在缸里摆一株多叶植物。丽点非洲树蛙的个体间关系和谐，缸内同时饲养多只也没有问题。

斑点芦苇蛙 | *Hyperolius puncticulatus*

主要分布地（国家或地区）：坦桑尼亚、肯尼亚、马拉维

体　长：2cm~3.7cm

　　斑点芦苇蛙栖息在非洲东部的森林地带。雄性背部粗糙，雌性背部光滑。其体色类型极为丰富，大致可分为两种。分布在北方的个体体色为红褐色，从吻端到眼睛后方有带黑边的黄色线条，线条粗细长短各异，有时线条不连续，呈斑点状。这种体色的个体腹部呈橙色。分布在南方的个体体色为黑色，夹杂有黄色或白色斑点，好似虫洞。这种体色的个体腹部呈黄色。斑点芦苇蛙与金面具芦苇蛙（*H. mitchelli*）分布在同一地区，外观十分相似，但从大斑非洲树蛙踝部的白斑可以识别它的身份。

　　斑点芦苇蛙代谢很快，非常容易变瘦，因此喂食宜少量多次。其余事项可以参考丽点非洲树蛙的饲养方法。

另一种群

黄星非洲树蛙 | *Hyperolius guttulatus*

主要分布地（国家或地区）：非洲西海岸
体　长：2.8cm~3.7cm

另一种个体

　　黄星非洲树蛙又称"雨滴树蛙"，是一种大型非洲树蛙蛙类。其体型扁平，鸣囊硕大。它的体色有两种类型：一种底色为黄绿色或蓝绿色，吻端到眼睛后方有黑色线条；另一种底色为暗红褐色，夹杂有圆形或细长形状的黄色斑纹，有黄斑的个体中又可分为黄斑细小的和较大的两种。它们栖息在森林地区的沼泽里。

　　黄星非洲树蛙在饲养环境下喜欢待在树叶上或石头底下，可以在缸里用石头给它搭一处躲避洞。

黑腰树蛙 | *Hyperolius fusciventris*

主要分布地（国家或地区）：非洲西海岸
体　长：1.8cm~2.8cm

　　黑腰树蛙是分布在非洲西海岸草原地带的小型非洲树蛙，雌性体型大于雄性。其背部颜色为浅绿色，有釉质光泽，不像属内其他物种那样有透明感，虹膜呈淡蓝色。它包含 3 个有记录的亚种，腹部及指、趾的颜色各有不同。黑腰树蛙模式亚种的腹部呈暗灰色、黑色或白色，肋部有黑色条纹将背部与腹部分隔开来。白腹黑腰树蛙亚种（*H. f. lamtoensis*）腹部呈白色，夹杂有红斑。伯顿黑腰树蛙亚种（*H. f. burtoni*）腹部也呈白色，但夹杂有黑斑及不规则纹路，且这一亚种的四肢上有黄色及红色斑纹。此外，在喀麦隆还有一个从未被记录过的亚种，该亚种的腹部样式为红白相间的斑纹，或四周全红只留中央一块白色。

棕色香蕉蛙 | *Afrixalus dorsalis*

世界两栖动物图鉴

棕色香蕉蛙模式亚种

主要分布地（国家或地区）：西非、中非的赤道地区

体　　长：2.5cm~2.9cm

　　阿非蛙蛙类是非洲的本土物种，形似非洲树蛙蛙类，但与之不同的是非刺蛙属蛙类都有着菱形的瞳孔（非洲树蛙蛙类的瞳孔呈左右延长的椭圆形）。非刺蛙属中的棕色香蕉蛙吻端至背部侧面有银色的带状斑纹。

　　棕色香蕉蛙栖息在森林地区及林草交界带，有两个亚种。棕色香蕉蛙模式亚种（A. d. dorsalis）胫部有两块白斑。另一个亚种三纹香蕉蛙（A. d. regularis）背部中线处有银白色线条，胫部有线状斑纹。

　　小型非刺蛙蛙类都喜欢躲藏在缝隙中，很难观察到它的样子。饲养棕色香蕉蛙时可以把缸内布置得简洁一些，这样就能快速确定它的位置。

银背蛙 | *Afrixalus fornasini*

主要分布地（国家或地区）：非洲东部至东南部
体　　长：3cm~4.2cm

　　阿非蛙属蛙类体长大多在 2cm 左右，但银背蛙体长能达到 4cm，在属内算是庞然大物了。其体色偏暗，吻端至尾端有一对银色或白色的线条，交汇于双眼之间。分布在坦桑尼亚及肯尼亚的个体背部一般呈白色。

　　雄性背部的刺状突起很明显，使得它的背部十分粗糙。雌性背上的突起则并不明显。它栖息在草原上，多见于沼泽和池塘边的树丛里，经常趴在叶柄根部休息。

　　银背蛙白天动作稍显迟缓，但一定不要掉以轻心。受惊吓时，它会以极快的速度弹跳逃生，注意不要让它跑掉。

091

非洲树蛙科

小香蕉蛙 | *Afrixalus brachycnemis*

主要分布地（国家或地区）：非洲东部
体　　长：2cm~2.7cm

　　蛙身上的刺状突起很不明显，只有雄性背部及腹部有少许突起。小香蕉蛙的背部图案多种多样，多数个体背部呈金色，吻端至肋部、腹部夹杂有暗色线条。这种图案在其他种的蛙类身上也有体现。小香蕉蛙之下包含数个亚种，有时也将它们视作独立的种。白天时，它们的体色偏亮，斑纹呈金属光泽。夜间或湿度大时，它们的体色则会变暗。

　　小香蕉蛙是小型非刺蛙属蛙类，与其他几种十分相似的蛙类分布在同一地区。阿非蛙属蛙类通常背上都有刺状突起，但小香蕉

　　饲养环境下的小香蕉蛙喜欢躲藏在土中或水槽下，较少待在叶片上。

非洲大眼树蛙 | *Leptopelis vermiculatus*

> 主要分布地（国家或地区）：坦桑尼亚
>
> 体　　长：4cm~8.5cm

　　小黑蛙属列于非洲树蛙科小黑蛙亚科之下，在非洲有 50 种左右。

　　虫纹小黑蛙的眼睛相对身体来说很大，因此又被称为"大眼树蛙"。非洲大眼树蛙幼体及一部分成年雄性的体色为绿色，有金属光泽并夹杂有虫洞状黑斑，十分美观，体侧有黑白色斑纹。一部分成年雄性及全部雌性的体色为褐色，夹杂有三角形暗斑。这种体色的个体与黄斑小黑蛙（*L. flavobaculatus*）相似，二者在地理分布上也很接近。虫纹小黑蛙栖息在森林中，经常能看到它们趴在临水的枝头上休息。雌性的体型远大于雄性。

　　饲养环境下的非洲大眼树蛙喜欢钻进底土里，可以在缸里铺上一层厚厚的苔藓与椰壳土的混合物以供它们藏身。

幼体

093

成体

红宝石眼树蛙 | *Leptopelis uluguruensis*

世界两栖动物图鉴

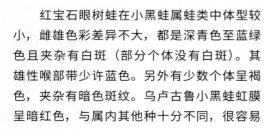

主要分布地（国家或地区）：坦桑尼亚

体　　长：3cm~5cm

　　红宝石眼树蛙在小黑蛙属蛙类中体型较小，雌雄色彩差异不大，都是深青色至蓝绿色且夹杂有白斑（部分个体没有白斑）。其雄性喉部带少许蓝色。另外有少数个体呈褐色，夹杂有暗色斑纹。乌卢古鲁小黑蛙虹膜呈暗红色，与属内其他种十分不同，很容易分辨。它们分布在坦桑尼亚的乌桑巴拉乌卢古鲁山地区，过着树栖生活，在耕地中的香蕉叶上也很多见。

　　比起属内其他蛙类，红宝石眼树蛙更喜欢凉爽的环境。夏季缸内温度不要超过25℃，夜间则更要注意降温。

巴氏小黑蛙 | *Leptopelis barbouri*

主要分布地（国家或地区）：坦桑尼亚

体　　长：3.5cm~4cm

　　巴氏小黑蛙在属内体型较小，雌雄差距不大，雄性体长 3.4cm~3.9cm，雌性体长 3.8cm~4.3cm。其吻端较尖，眼睛与属内其他物种相比较小。它的体色为通透的绿色（非洲树蛙科的许多蛙类体色都具有透明感），一些个体背部会有白色或金色斑点；虹膜呈白色，有红边；雄性喉部有蓝绿色。巴氏小黑蛙分布在坦桑尼亚的乌桑巴拉地区及乌顿古斯地区，乌卢古鲁地区疑似也有分布，但具体情况还不明确。它们生活在森林深处。

帕氏小黑蛙 | *Leptopelis parkeri*

主要分布地（国家或地区）：坦桑尼亚
体　　长：3.4cm~5.6cm

小黑蛙具有这种颜色的虹膜，辨识度非常高。雄性体色为灰色、褐色或橄榄绿色等，背部有不规则条带状斑纹，喉部呈白色。雌性体色均为橄榄色，喉部呈橙色。帕氏小黑蛙分布在坦桑尼亚的部分山区，在森林深处生活。由于它们的原生环境在森林中，所以它们更喜欢凉爽的环境，夜间应注意喷雾。

　　帕氏小黑蛙是一种体型瘦削的小黑蛙属蛙类，发达的蹼、小小的鼓膜和鲜红的虹膜是它的主要特征。小黑蛙属蛙类中只有帕氏

喀麦隆小黑蛙 | *Leptopelis brevirostris*

主要分布地（国家或地区）：喀麦隆、尼日利亚
体　　长：4cm~6.5cm

性，最大的个体体长可达到6.4cm。它们栖息在森林中，常以蜗牛为食。

　　由于它在自然环境中习惯食用蜗牛，所以刚开始饲养时给它喂蟑螂它可能不会吃，但喂几次之后它就会习惯了。喂食时最好把蟑螂腿摘掉后再喂，方便它捕捉。喀麦隆小黑蛙虽然体型较大，但却意外的胆小，比较喜欢隐居生活。布置养殖缸时，可以把底土铺得厚一些，多放几株植物，给它准备充足的昼间躲避洞。

　　喀麦隆小黑蛙吻端短小，形似日本狆犬（鼻尖短平），因而在日语中被称为"狆犬小黑蛙"或"短鼻小黑蛙"。它的体色基本为明亮的绿色，肋部呈蓝色，腹部呈白色。有些个体背部至眼睛上方有深色斑纹，还有些个体体色为灰色或褐色。雌性体型大于雄

白腹芦苇蛙 | *Heterixalus alboguttatus*

主要分布地（国家或地区）：马达加斯加中东部

体　长：2.5cm~3.3cm

　　分布在马达加斯加的异跳树蛙属蛙类
与分布在非洲大陆的非洲树蛙属外观十分相
似，但前者的瞳孔呈菱形，后者的瞳孔呈椭
圆形。白腹芦苇蛙是异跳树蛙属蛙类中体型
最大的一个种。其雌雄体色不同，雌性体色
为黑色或深灰色，夹杂有细小的黄斑，四肢
内侧及手掌呈橙色，腹部呈奶白色。雄性体
型小于雌性，体色为奶白色至淡黄色，头部
附近有斑纹但不明显，指、趾呈淡黄色。白
腹芦苇蛙常见于海拔 800m 左右的高地上，
栖息在沼泽及水田中。

　　用小型缸就可以养活一只白腹芦苇蛙，
但也可以选用中型缸，并在缸里布置些植物，

把几只放在一起饲养。

雄性

鲁氏异跳树蛙 | *Heterixalus rutenbergi*

主要分布地（国家或地区）：马达加斯加中部
体　长：2.5cm~2.7cm

　　异跳树蛙蛙类中有许多种的外观很相近，而且有些种的区域变异及雌雄差别很大，难以分辨。但是鲁氏异跳树蛙不论雌雄老幼都有着同样的体色，即绿色。它身上有 5 条金色线条，分别位于脊椎线上、背部两侧及

肋部两侧。这些线条都有黑边，十分醒目。它的指、趾呈橙色。鲁氏异跳树蛙栖息在马达加斯加中部高地，常见于荒野中的沼泽里。异跳树蛙蛙类多生活在低地，主要在水田里活动，鲁氏异跳树蛙可以说是非常另类了。
　　鲁氏异跳树蛙体质较弱，不太好养。要注意保持缸内低温及空气流通，并在缸内多布置植物以供它藏身和休息。

黄纹异跳树蛙 | *Heterixalus luteostriatus*

主要分布地（国家或地区）：马达加斯加西北部、西部

体　长：2.5cm~3cm

　　黄纹异跳树蛙是一种中型异跳树蛙，体色为黄褐色，体侧有两条黄色线条直达后肢，在雌性身上更为明显。这种体色类型与博氏异跳树蛙（*Heterixalus boettgeri*）与贝奇

异跳树蛙（*Heterixalus betsileo*）极为相似。黄纹异跳树蛙鸣囊很小，呈心形。它们生活在海拔 800m 左右的沼泽及水田中，与属内其他物种分布区域重叠，因此常被误认为其他物种。
　　饲养黄纹异跳树蛙比较简单，它们虽然身形小巧，但食量大、代谢很快，所以喂食要少量多次。

塞内加尔肛褶蛙 | *Kassina senegalensis*

主要分布地（国家或地区）：撒哈拉以南的非洲

体　　长：2.5cm~4cm

　　塞内加尔肛褶蛙是肛褶蛙属（*Kas-sina*）蛙类之一，此属内的蛙类都有着垂直方向的瞳孔、长长的躯干以及短小的四肢。

　　塞内加尔肛褶蛙分布在热带非洲的萨瓦纳草原地区全域，是非洲分布范围较广的蛙类。它的体色多种多样，多数个体体色为灰褐色，背部正中位置有黑色线条，旁边夹杂有黑色条纹或斑点。因其分布范围广阔，所以亚种分异十分丰富，外观及体型都有明显的地区差异，生活在南非的种群体长可达4.9cm。它们生活在草原地区，在地面活动，往往藏身在白蚁巢中或岩石下面。

　　塞内加尔肛褶蛙喜欢在干燥的地面活动，运动方式以快速行走为主，不会跳跃。饲养时要用底面宽敞的缸，保持底土干燥，然后设置一处小水池即可。

红腿豹纹蛙 | *Kassina maculata*

世界两栖动物图鉴

主要分布地（国家或地区）：非洲东部至东南部

体　　长：5.5cm~6.5cm

　　红腿豹纹蛙是一种大型肛褶蛙属蛙类，体色为灰色，背上有许多不规则黑色斑点，四肢根部的红色色斑使它有别于属内其他蛙类。红腿豹纹蛙常见于低地，与塞内加尔肛褶蛙相比更倾向在树上生活，它们喜欢沼泽、草地、洼地等比较湿润的环境。

　　饲养状态下的红腿豹纹蛙喜欢爬上爬下，也喜欢钻进土中，缸内的盆栽植物经常会被连根挖起，因此最好用假花替代真植物。红腿豹纹蛙与塞内加尔肛褶蛙相比更喜欢湿润的底土，可以在土表盖一层苔藓以保持土壤湿度。它的食欲非常旺盛，很容易喂食。

似是而非的箭毒蛙与曼蛙（关于趋同进化）

　　在自然界中，一些动物在分类学上的亲缘关系并不相近，分布地也远隔万水千山，但却因为生活环境相似而进化出了类似的外观形态。这种现象被称作"趋同进化"，是众多进化形式中的一种。例如，在中南美洲热带雨林中生活着一种箭毒蛙，它们捕食蚂蚁及跳蚤，这些食物所含的毒素在它们体内累积，使它们自身也开始含有毒素，同时演化出鲜艳的体色来警示敌人。而在遥远的马达加斯加，有一种曼蛙与中南美洲的箭毒蛙外形十分相似，都有着鲜艳的体色。近年来的研究表明，曼蛙属蛙类的体内也含有微量毒素。箭毒蛙与曼蛙在分类学上的亲缘关系很远，但是因为它们生活在相似的环境之中，所以都走上了相似的进化之路。其他例子还有东南亚丛林中的角蟾科蛙类与南太平洋群岛（所罗门群岛等地）上的树蛙科，它们虽相隔遥远但都有着酷似落叶的拟态外观，都在丛林底部以拟态的方式保护自己。

　　趋同进化不一定体现在整体外观上，不同物种的某些器官也有可能发生趋同进化。生活在北美洲干燥地带的锄足蟾科蛙类，为了适应挖掘洞穴的习性而在踵部进化出了被称为"内跖突"的硬质突起。而生活在马达加斯加的锄足姬蛙（姬蛙科蛙类）的踵部也有同样的内跖突。锄足姬蛙在干燥或湿润的地区均可生活，喜欢挖掘洞穴居住。同样的生活习性赋予了它们同样的器官特征。

　　有的趋同进化发生在亲缘关系更疏远的物种之间。例如两栖动物中的蚓螈类动物，地下生活的习性使它们与蚯蚓的外观十分相似，都依靠环节伸缩来移动。这种跨越脊椎动物与无脊椎动物之间的趋同进化现象也是存在的。

箭毒蛙

曼蛙

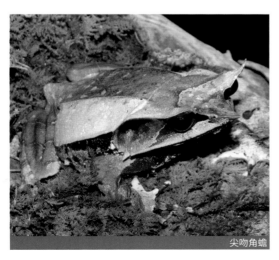

尖吻角蟾

耿氏亚洲角蛙

马岛曼蛙 | *Mantella madagascariensis*

世界两栖动物图鉴

主要分布地（国家或地区）：马达加斯加北部、南部及东海岸中部

体　长：2.2cm~3cm

　　曼蛙科蛙类分布于马达加斯加岛及其周边岛屿，是当地特有的物种。

　　马岛曼蛙是曼蛙属中一种小型陆栖蛙类，体色鲜艳，常与中南美洲的箭毒蛙共同作为趋同进化的示例出现。马岛曼蛙体色基本为黑色，足根部有大块黄绿色斑，从鼻尖到眼部有黄色条纹。其后腿膝部以下呈橘红色或淡粉色，这个部分的色斑看上去非常像高衩泳衣，因此在日语里它被称为"泳衣蛙"。马岛曼蛙的体色因地区差异及个体差异而不同，且栖息地呈点状分布，因此现在的马岛曼蛙中很可能包含尚未识别的种。近年来确实发现过与马岛曼蛙极为相似的无记录物种。马岛曼蛙的栖息地十分广泛，从河堤上的草丛到溪流附近都有分布，多见于高海拔地区的森林中。

巴伦曼蛙 | *Mantella baroni*

主要分布地（国家或地区）：马达加斯加东部
至东南部

体　长：2.2cm~3cm

　　巴伦曼蛙与马岛曼蛙外形十分相似，仅可通过体色区分。马岛曼蛙的胫部内侧有橘红色斑纹，而巴伦曼蛙为红色。此外，马岛曼蛙下颌处有淡蓝色马蹄形斑纹，而巴氏曼蛙的下颌处的斑纹呈点状。除去这两处不同之处，二者的体色几乎一样。巴伦曼蛙栖息在雨林底部及河川岸边，常见于激流附近的岩石孔隙中。

　　曼蛙属（*Mantella*）蛙类的饲养方法可以参考箭毒蛙等陆栖蛙类，饵料的尺寸可以略大，环境温度可以偏凉爽（18℃~25℃为宜）。

103

曼蛙科

派克氏金蛙 | *Mantella pulchra*

主要分布地（国家或地区）：马达加斯加东部
体　长：2.1cm~2.7cm

　　派克氏金蛙与马岛曼蛙混居，且体色相近。它的前后肢第一关节以下的部分呈灰褐色；背部呈黑色，向吻端逐渐过渡为浅褐色；腹部底色为黑色，夹杂有淡蓝色或黄绿色小色斑。派克氏金蛙体型较马岛曼蛙及巴氏曼蛙更为丰满。它分布于马达加斯加东部安达西贝地区的高地上，多见于雨林内的溪流沿岸及沼泽附近。

　　派克氏金蛙的生命力在曼蛙属蛙类中算是比较顽强的。不过它对外界刺激比较敏感，在饲养环境下十分胆小。虽然它属于昼行性动物，但如果有人在附近的话它一般不会现身。

金色曼蛙 | *Mantella aurantiaca*

主要分布地（国家或地区）：马达加斯加东部
体　长：2cm~2.5cm

　　金色曼蛙是一种中型曼蛙属蛙类，几乎全身都呈醒目的橘红色或红色。曼蛙属蛙类鲜艳的体色是一种警告色，告知敌人自己的身体内含有毒素，与箭毒蛙的艳丽色彩有着相同的作用。实际上，金色曼蛙不仅体内有

毒，其皮肤也有毒性，不过对人类来说它的皮肤毒性很弱，不必过度担心（不过最好还是不要用带伤口的手去摸它，摸完之后也不要用手接触自己身上的黏膜部位）。它们生活在高湿的充满露兜树科植物的丛林中及沼泽附近，多见于日照充足的地方。它们采取体内受精的方式生殖，会在树叶下方产卵。

黑耳曼蛙 | *Mantella milotympanum*

主要分布地（国家或地区）：马达加斯加中东部
体　长：1.5cm~2cm

　　黑耳曼蛙外观与金色曼蛙极为相似，很长一段时间内两者都被当作同一个物种，但现在黑耳曼蛙被单列为一个种，与金色曼蛙同属曼蛙种群之中。它的体色比金色曼蛙更

偏深红，且鼓膜附近有黑斑，体表布满了条形隆起，十分粗糙。它主要栖息在马达加斯加中东部的费莱纳纳峡谷地区，分布范围很小。其体长一般在1.8cm左右，是曼蛙属内最小的物种。

　　黑耳曼蛙和金色曼蛙是曼蛙属中性格活泼的蛙类，即使在饲养环境下也经常待在开阔处。它们比较喜欢凉爽的环境，因此最好把缸内温度控制在25℃以下。

蒙面彩蛙 | *Mantella crocea*

主要分布地（国家或地区）：马达加斯加中部
体　长：1.8cm~2.4cm

蒙面彩蛙的头部至背部呈暗黄色，夹杂有不规则黑点或模糊的线条，上半身体侧至头侧呈黑色。其体色因分布地区不同而存在差异，由于种类繁多，其中很可能含有至今无记录的品种。有的蒙面彩蛙种群背部呈橙色，有的呈亮绿色，有的则没有体侧的黑色部分，通体呈黄色。蒙面彩蛙的四肢颜色与身体颜色相同，但后肢内侧有红斑，因此在日语中又称为"红腿曼蛙"。它生活在湿润的热带雨林底部，尤其喜欢滨水环境。

由于它对外界刺激十分敏感，所以饲养时略有难度。要注意在缸内多给它准备几处躲避洞，并将缸内温度控制在 18℃ ~20℃，且早晚需要喷雾。

黑绿曼蛙 | *Mantella nigricans*

主要分布地（国家或地区）：马达加斯加北部
体　长：2.7cm 左右

黑绿曼蛙分布在马达加斯加北部马洛杰基地区，又名"马洛杰基曼蛙"。黑绿曼蛙背部的颜色多种多样，有纯褐色的、浅绿色的，也有头部为黄色、下半身为黑色的。其体侧颜色一般为黑色，四肢及其附近为浅绿色；腹部散落着淡蓝色及黄绿色的小点，喉部有马蹄状斑点。其外观与巴氏曼蛙及丽曼蛙相似，但可以通过头部至上半身的黄绿色，以及后肢内侧无红色的特征进行区分。黑绿曼蛙栖息在原始森林中的溪流附近，过着陆栖生活，昼间活动频繁，鸣叫声好像连续的敲击声。

棕曼蛙 | *Mantella betsileo*

世界两栖动物图鉴

主要分布地（国家或地区）：马达加斯加北部、西部

体　长：2cm~2.8cm

　　棕曼蛙是中型曼蛙属蛙类，日语中又称"红背曼蛙"，背部呈明亮的褐色或红褐色；体侧呈黑色，与背部区分明显。棕曼蛙从鼻尖通过眼睛下方直到前肢根部有浅色线条，四肢呈灰褐色，腹部有明显的白色或淡蓝色斑点。它们分布在马达加斯加北部及西部的贝岛、布拉哈岛上。棕曼蛙栖息在森林深处，喜欢滨水环境，多见于森林中的水塘边。棕曼蛙在这些栖息地里的分布密度很高，所以经常能够看到它们的身影。它们昼夜都能出来活动，而且在雨季会变得尤为活跃。

　　饲养棕曼蛙及其他曼蛙属蛙类时，选用种有观叶植物的生态缸效果更佳。

蓝腿曼蛙 | *Mantella expectata*

主要分布地（国家或地区）：马达加斯加西部、
　　　　　　　　　　　　南部

体　　长：2.5cm~3cm

　　蓝腿曼蛙背部呈黄绿色或黄褐色，腹部
呈黑色；四肢呈灰色、淡蓝色或带有金属光
泽的蓝色，有时颜色会变得十分鲜艳。四肢
的具体颜色因个体而异，而且个体的健康状
况也对四肢的颜色有影响。例如有时会变成
暗淡的蓝黑色，有时则会变成艳丽的天蓝色，

有时还会出现黄色斑点。此外，它的嘴唇上
方有一条与四肢同色的线条。栖息地靠南的
种群背部呈浅褐色，一些个体背部还有菱形
连缀成的深色线条，这些个体的四肢都呈带
蓝色调的白色，且有与背部斑纹同色的斑点。
蓝腿曼蛙主要生活在森林中，与其他曼蛙属
蛙类相比更喜欢干燥的环境。

　　饲养蓝腿曼蛙时不必特意使缸内干燥，
只要注意保持缸内空气流通就可以了。

107

曼
蛙
科

绿彩蛙 | *Mantella viridis*

主要分布地（国家或地区）：马达加斯加北部

体　　长：2.2cm~3cm

　　绿彩蛙是曼蛙属内的大型蛙类，看起来
颇有分量。其面部侧面有块形似口罩的黑斑，
背部呈黄绿色或草色，腹部及四肢偏暗色，

一些个体整体偏黄色。其名称正来源于它以
绿色为主的体色。绿彩蛙分布在马达加斯加
北端的安齐拉纳纳地区南部，栖息在海拔
100m~300m 的湿润低地，常见于小型池塘、
湖沼周边。

　　绿彩蛙在人工饲养环境中也十分活跃，
几乎不惧怕陌生物体，是曼蛙属中容易饲养
的蛙类之一。

攀树曼蛙 | *Mantella laevigata*

世界两栖动物图鉴

主要分布地（国家或地区）：马达加斯加北部

体　　长：2.4cm~3cm

　　攀树曼蛙的体型与其他曼蛙蛙类相当不同，四肢修长、身体细瘦，指尖圆盘状的吸盘十分发达。其头部至背部呈柠檬黄色或黄绿色，体侧及四肢呈黑色，与其他部位颜色的区别很明显。

　　攀树曼蛙栖息在落叶堆积深厚的热带雨林中，过着半树栖生活，在野外常常能在树上观察到它。成年攀树曼蛙大多可以爬到4m高的位置。攀树曼蛙产卵也是在竹节或树洞里进行的，孵化出的蝌蚪也与其他曼蛙蛙类很不同，因此人们认为攀树曼蛙单独构成了一个攀树曼蛙种群。

　　相应地，饲养攀树曼蛙时也应该为它布置立体的生存环境。

白唇牛眼蛙 | *Boophis albilabris*

主要分布地（国家或地区）：马达加斯加东部
体　长：4.5cm~8cm

　　牛眼蛙属蛙类是马达加斯加的特有物种，大多营树栖生活，曾经被归属于树蛙科，但现在人们多认为它应归属于曼蛙科。白唇牛眼蛙背部呈浅绿色、灰绿色或褐色，绿色个体的背上多有褐色斑点，有时斑点还会带有紫色。这种特征尤其多见于雌性个体。除了上述斑点，它的背上有时还有不规则的小白斑。白唇牛眼蛙上唇及指尖呈白色，后肢上有暗色横带，虹膜呈橙色或褐色。进入繁殖期的雄性的胸部、喉部（偶尔还有头部）上会出现刺状突起。它们栖息在海拔200m~900m 的高地上，多见于雨林中水流平缓的溪流周边。

109

曼蛙科

小耳牛眼蛙 | *Boophis microtympanum*

主要分布地（国家或地区）：马达加斯加北部
体　长：2.2cm~3cm

　　小耳牛眼蛙作为擅长树栖的牛眼蛙属的一员，却过着以陆栖为主的生活。与其他牛眼蛙不同，它的吸盘并不发达，在指尖上也不太醒目。它的虹膜呈有金属光泽的绿色，背部颜色为黄绿色或黄褐色，夹杂有不规则的虫洞状斑点。雌性体色较雄性更为鲜艳，斑纹也更为明显。雌性指尖呈橙色，雄性指尖无色，呈半透明状。它们栖息在高地的开阔处，常见于溪流边的草地及丛林里。

　　小耳牛眼蛙生活在马达加斯加唯一一处有降雪的地区，因此它对低温的耐受力很高。但相反，它对高温则很敏感，最佳生存温度在 18℃或者更低。由于较高的温度控制要求（特别是夏季），饲养小耳牛眼蛙的难度确实比较高。

绿宝石牛眼蛙 | *Boophis luteus*

世界两栖动物图鉴

主要分布地（国家或地区）：马达加斯加东部

体　　长：3.5cm~6cm

绿宝石牛眼蛙体色为有透明感的绿色，虹膜呈红色。这种体色在牛眼蛙属中很常见，常有许多同属的其他蛙类被误认为是绿宝石牛眼蛙。但绿宝石牛眼蛙的体型通常更大，特别是雌性，其体型要比雄性大很多。它的瞳孔周围呈灰白色，向外是一圈红色，最外侧边缘则是一圈蓝色。它的肋部偏白色，腹部呈蓝绿色。绿宝石牛眼蛙含有几个亚种，体色各有微妙的不同。

绿宝石牛眼蛙是完全的树栖蛙类，栖息在热带雨林及山地中，白天趴在枝叶上休息，入夜后开始活动。曾有人观察到它们在离地3m左右的树上求偶鸣叫的样子。它们的鸣叫声十分独特，酷似警笛声，频率高而嘈杂。

绿宝石牛眼蛙对高温的抵抗力不强，饲养时应使环境温度保持在25℃以下。最好在缸里多放几株观叶植物，给它提供更多隐蔽的场所。

白斑牛眼蛙 | *Boophis albipunctatus*

曼蛙科

主要分布地（国家或地区）：马达加斯加东部

体　长：3.5cm~6cm

白斑牛眼蛙的体色与绿宝石牛眼蛙类似，主要区别在于虹膜的颜色。白斑牛眼蛙的虹膜呈奶油色至灰白色，瞳孔周边有少许褐色，最外侧一圈为蓝色，且虹膜上有细小的网状纹路。它的体色为有透明感的绿色，全身布满细小的白色斑点，偶尔也会出现黑色斑点。另一点区别于绿宝石牛眼蛙的特征是鸣囊，白斑牛眼蛙只有一个鸣囊，而绿宝石牛眼蛙有两个。白斑牛眼蛙栖息在雨林中的溪流附近，求偶时会在树上3m左右的高处发出求偶鸣叫，雄性的鸣叫声听起来像高频率的敲击声。

白斑牛眼蛙同样无法承受高温，所以饲养时应注意保持缸内凉爽。

红斑牛眼蛙 | *Boophis rappioides*

曼蛙科

主要分布地（国家或地区）：马达加斯加东部、
　　　　　　　　　　　　　　东南部

体　长：2cm~3.5cm

红斑牛眼蛙是一种小型牛眼蛙，它与几个外形相似的其他物种共同构成了红斑牛眼蛙种群。其体色为半透明的黄绿色，眼睛上方呈红色；从吻端通过眼部到身体两侧有黄线；背部有许多红色小斑点，夜间尤其醒目，而且这些红斑在雄性身上更加明显。它的腹部是透明的，可以透过内膜看到内脏。如果去观察产卵期内的雌性，甚至可以看到它腹中的卵。它的虹膜内侧呈银白色，外侧呈有金属光泽的蓝色，最外侧边缘为黑色。由于它鲜艳的体色，故又被称为"彩虹牛眼蛙"。它们居住在热带雨林中和缓的溪流附近，常在树上活动。

饲养红斑牛眼蛙时，要在缸里布置多叶植物，并喂食小块饲料。

红眼牛眼蛙 | *Boophis viridis*

主要分布地（国家或地区）：马达加斯加东部
体　　长：3cm~3.5cm

虹膜色彩仅见于红眼牛眼蛙，是其独有的特征。红眼牛眼蛙栖息在水流和缓的溪流及沿岸树木上，常趴在 1m~2m 的高处鸣叫。它们是夜行性动物，雨势过大时会从树上下到地面。天气干燥时则喜欢待在树上，常在 5m 左右的高处活动。

红眼牛眼蛙是一种小型牛眼蛙，体色为有透明感的黄绿色，背部有细小的红斑，但不十分清晰。成年个体的背部一到夜间就会变色，看上去像覆上了一层红褐色遮光布。其虹膜最外侧边缘呈蓝色，向内依次有黑色、浅蓝色、红褐色的色圈包围着瞳孔。这样的

红眼牛眼蛙体质较差，进食不是很积极，饲养时应注意投喂小块食物。喂虫子时虫子的运动速度不能太快，同时应在缸里多布置几处躲避洞供它栖身。

古多牛眼蛙 | *Boophis goudotii*

主要分布地（国家或地区）：马达加斯加东部
体　　长：5cm~9cm

体色变异非常丰富，一般为褐色底色上夹杂有明暗色斑的样式，腹部偏黄色。雄性进入繁殖期后胸部会出现突起。它们主要栖息在高地的雨林中。

古多牛眼蛙是一种大型牛眼蛙，最大体长可达 10cm 以上。其四肢上的蹼大而醒目，皮肤光滑，踵部及肘部无棘刺。古多牛眼蛙

由于古多牛眼蛙体形硕大，所以弹跳力很强。但在饲养环境下它通常比较安静，开始时可能会往缸壁上撞，但习惯新环境之后就不会再撞了。

红背牛眼蛙 | *Boophis piyrrhus*

曼蛙科

主要分布地（国家或地区）：马达加斯加东部
体　长：2.6cm~3.7cm

红背牛眼蛙有着独特的体色，背部呈朱红色、橘红色或红褐色，多夹杂有红色斑点。此外，其背部还有 X 形深色斑纹，正好构成一个沙漏的形状。在明亮环境中它的体色为浅褐色，入夜后则会逐渐变成偏红的色调。它栖息在次生林及雨林中的沼泽、池塘等平缓的水域附近。其鸣叫声频率高，有金属音色。

113

曼蛙科

贝氏牛眼蛙 | *Boophis boehmei*

曼蛙科

主要分布地（国家或地区）：马达加斯加东部
体　长：2.5cm~3.5cm

它的背部颜色为浅褐色，夹杂有不规则的细小黑白斑点；肋部及四肢根部呈黄色，有黑色网状纹路；腹部呈奶油色；虹膜从内到外依次为红褐色、红色，最外侧边缘为蓝色。贝氏牛眼蛙的外观存在变异情况，可能含有其他亚种。它栖息在雨林中的溪流附近，过着树栖生活，雄性一般在离地1m~2m 的高处鸣叫。

贝氏牛眼蛙是拥有红色虹膜的牛眼蛙之一，有数个物种与它外观近似。其踝部及肘部有明显的突起，雌性体型大于雄性。

饲养贝氏牛眼蛙时应喂食运动缓慢的昆虫。

花斑牛眼蛙 | *Boophis picturatus*

主要分布地（国家或地区）：马达加斯加东部、
东南部

体　长：2.3cm~3.3cm

花斑牛眼蛙是一种小型牛眼蛙，有着丰富多样的体色类型。例如有的个体体色为灰褐色，夹杂有少量暗色斑点，而有的个体体色是茶褐色，夹杂有金色斑点或不规则奶油色斑点。它们虽然体色各异，但共同点是指、趾的颜色都是红色的，而且体表斑纹越是清晰的个体，指、趾的红色就越深。它的虹膜外侧边缘呈蓝色。分布在马达加斯加东南部的个体虹膜多呈深黄褐色（边缘的蓝色是一致的），体表没有清晰的斑纹，背部中线为亮色线条。花斑牛眼蛙栖息在雨林中的溪流附近，常在树上 1.5m 的高处鸣叫，偶尔也会爬上离地面 3m 的高处。

马岛牛眼蛙 | *Boophis madagascariensis*

主要分布地（国家或地区）：马达加斯加中东
部至南部

体　长：6cm~8cm

马岛牛眼蛙是牛眼蛙属内的大型蛙类，雌性体型稍大于雄性。其四肢的蹼都很发达，踵部及肘部的皮肤有尖刺状突起；指、趾尖有发达的吸盘；体色为褐色，四肢有暗色横纹，腹部呈浅奶油色。刚刚登陆不久的幼体背部呈绿色，夹杂有暗褐色斑点。繁殖期内的雄性皮肤会变得粗糙，出现婚姻瘤（婚垫）。它栖息在沼泽及溪流密布的森林中，过着树栖生活，几乎一直待在离地面 10m 以上的高处，白天在枝叶上休息。产卵时，它会在水边产下黑色的卵块。

黄金牛眼蛙 | *Boophis idae*

主要分布地（国家或地区）：马达加斯加东部

体　　长：3cm~4cm

　　黄金牛眼蛙体色为灰褐色或黄褐色，背部有细小的绿色斑点。体色偏亮时就会带有金属光泽，显出金色。其大腿根部及外侧呈灰绿色，夹杂有大块褐色斑纹，大腿内侧呈褐色。其虹膜颜色呈橙色或褐色。繁殖期内的雄性背部会变得粗糙。它栖息在雨林中，常见于池塘附近的树丛中。雄性在10~11月的夜间会发出求偶鸣叫，鸣叫声常会引起同属一个种群的蜚蠊牛眼蛙及鲨皮牛眼蛙的共鸣。

花吉曼蛙 | *Guibemantis pulcher*

世界两栖动物图鉴

主要分布地（国家或地区）：马达加斯加东部

体　　长：2.2cm~2.8cm

　　吉曼蛙属是包含在曼蛙科之下的马达加斯加特有属，与曼蛙属有着较近的亲缘关系。吉曼蛙属的全部物种曾经都被列在趾盘曼蛙属（*Mantidactylus*）之下，但因为这个属中的物种数量实在太过庞大，形态及习性又千差万别，所以现在已经被分割成几个小的属。花吉曼蛙属于吉曼蛙属（*Guibemantis*），

该属内都是小型蛙类。花吉曼蛙的体色为半透明的绿色，夹杂有紫褐色斑点。它平时潜藏在露兜树的叶腋里，是昼行性动物。

　　花吉曼蛙的活动范围比较立体，最好在缸里给它布置一个有植物及木材可供攀爬的环境。注意应给它喂食小块食物。

黄色吉曼蛙 | *Guibemantis flavobrunneus*

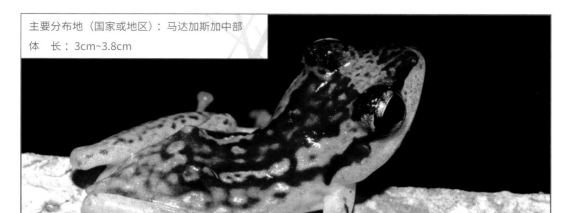

主要分布地（国家或地区）：马达加斯加中部
体　　长：3cm~3.8cm

黄色吉曼蛙体型特征与花吉曼蛙相似，但体型更大。其体色为半透明的黄色，背部夹杂有黄褐色斑纹。雄性大腿下方有硬质突起，在交配时雄性会利用这块突起爬到雌性身上。这个突起曾被列为趾盘曼蛙属蛙类的一个共通特征。关于黄色吉曼蛙的习性，可以参考花吉曼蛙的相关资料。

科恩趾盘曼蛙 | *Mantidactylus cowanii*

主要分布地（国家或地区）：马达加斯加中部
体　　长：3cm~4cm

科恩趾盘曼蛙是现在仍留在趾盘曼蛙属（*Mantidactylus*）内的蛙类，该属内的蛙类都喜欢生活在溪流中，经常能看到它们待在河边的岩石上，习性类似日本树蛙。其体表光滑，体色偏黑，夹杂有不规则的白斑。它们常在激流附近活动，一旦被天敌发现就会迅速逃进水中。趾盘曼蛙属的其他蛙类也有这样的习性。

在缸中饲养科恩趾盘曼蛙时，需要在水中布置水泵制造流水，摆几块石头作为陆地，并注意保持一个凉爽的环境。

饰纹姬蛙 | *Microhyla fissipes*

世界两栖动物图鉴

主要分布地（国家或地区）：印度、斯里兰卡、中国、东南亚、日本

体　长：2cm~3cm

　　饰纹姬蛙体型小而扁平，头部小巧，表皮光滑，喉部下方有暗色斑纹。它常被人们称为"姬雨蛙"，但实际上它与雨蛙并没有什么亲缘关系。饰纹姬蛙在东南亚一带分布广泛，在日本的奄美大岛也有分布。从低地到山区，从森林到草丛、水田，到处都能见到它的身影。它的分布密度也很高，在产卵地附近经常能见到成群的饰纹姬蛙。它是夜行性动物，以蚂蚁等小型昆虫为食。饰纹姬蛙的卵形似薄膜，漂浮在水面，幼体呈半透明状。

　　饰纹姬蛙弹跳力非常强，经常会突然跳跃逃生，照顾它时要防范其逃走。

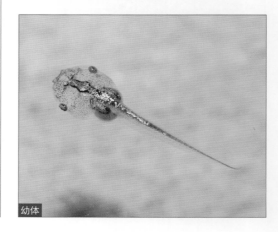

幼体

花狭口蛙 | *Kaloula pulchra*

姬蛙科

主要分布地（国家或地区）：东南亚地区、中国、印度、斯里兰卡

体　长：5.5cm~7.5cm

　　狭口蛙蛙类习惯在地下生活，通常在松软的泥土中做巢居住。

　　花狭口蛙在东南亚地区分布广泛，头部小而光滑。它的体色为暗褐色，从吻端到体侧有两条浅褐色线条。当它感知到危险临近时，就会使身体膨胀起来威吓敌人。它主要栖息在平原地区的森林中，过着陆栖生活，以蚂蚁等小型昆虫为食。它的适应力极强，在沼泽、人类住宅附近，甚至在城镇的沟渠里也经常能见到它们。白天它一般在落叶或岩石下休息。

　　饲养花狭口蛙要在缸里铺上一层厚厚的底土，以便它钻入地下休息。它对温度的变化不是很敏感，生命力顽强。

白斑狭口蛙 | *Kaloula baleata*

主要分布地（国家或地区）：马来西亚、印度尼西亚、菲律宾

体　长：6cm~6.5cm

世界两栖动物图鉴

白斑狭口蛙体型比花狭口蛙小，吻端略微上翘。其体色为灰褐色或灰色，四肢根部有橘红色斑纹。它的前肢的指尖有发达的吸盘，通常栖息在森林底部，多潜藏在泥土中。

饲养白斑狭口蛙时，同样需要柔软的厚层底土以供它挖掘做巢。姬蛙科的大多数蛙类头部都比身体小很多，因此要注意给它喂食小块食物。

两栖动物的寿命

我们很难确切地了解两栖类、爬行类及鱼类等野生动物的寿命。想要知道一种动物的寿命，必须长年追踪同一个体，并不断累积不同个体的寿命数据然后取平均值，仅凭一两只个体的数据是不可能得出可信的结论的。而且动物在野生状态下与人工饲养状态下的寿命相差很大，因为饲养状态下的动物没有天敌捕食之忧，所以平均寿命要比野外的同类长许多。我们在这里列出了一些两栖动物的寿命以供大家参考，不过要注意这些数据仅作参考，现实中有的个体寿命远超这个数字，但也有个体并不能活到这个岁数。

其实我们大可不必拘泥于它们纸面上的寿命，只要运用恰当的饲养方法，就能让你的宠物更长寿。

东方铃蟾 ....20 年
钟角蛙 ....10~30 年
日本蟾蜍 ....20 年以上

炫彩箭毒蛙 ....8 年左右
绿雨滨蛙 ....15 年
花狭口蛙 ....6 年
隐鳃鲵 ....50 年以上（隐鳃鲵禁止个人饲养，数据仅供参考）

云斑小鲵 ....15 年以上
斑泥螈 ....9 年
红腹蝾螈 ....25 年
火蝾螈 ....50 年
两栖鲵 ....27 年
美西钝口螈 ....25 年

斯里兰卡狭口蛙 | *Kaloula taprobanica*

主要分布地（国家或地区）：尼泊尔、印度、
斯里兰卡

体　长：5.5cm~7.5cm

　　斯里兰卡狭口蛙是分布在南亚地区的狭口蛙属蛙类之一，外形与花狭口蛙相似，但背上的斑纹变化较多，且多有点状孤立斑块，体表布满粒状突起。人们还不太了解它的生活状态，只能推测与花狭口蛙相近。

　　饲养状态下的斯里兰卡狭口蛙并不会一直藏在洞中，而是经常在地表活动。

多斑丽狭口蛙 | *Calluella guttulatus*

主要分布地（国家或地区）：泰国、缅甸、
老挝、越南

体　长：4cm~5cm

　　狭口蛙属蛙类分布在东南亚地区，与同地区的狭口蛙属十分相似，只不过头部更宽、眼睛更大。多斑丽狭口蛙体色为亮褐色，背部有暗色网状或虫洞状斑纹，每只个体的斑纹样式不一，还有一些个体没有斑纹。它生活在低地丘陵及森林地区，在耕地中也常有出没。它通常藏身在地下，雨后爬出地表活动。

喉垂小狭口蛙 | *Glyphoglossus molossus*

世界两栖动物图鉴

主要分布地（国家或地区）：柬埔寨、老挝、泰国、缅甸、越南

体　长：6cm~7cm

喉垂小狭口蛙是小狭口蛙属中唯一的物种。其外观十分独特，皮肤光滑，四肢短小，双眼间距离很宽，眼球稍显凸出，吻端很平，像是被切了一刀。它的体色为暗灰色，一部分个体头部周围有颗粒状突起。它栖息在龙脑香等落叶植物构成的森林中，一般居住在地下巢穴里，旱季时会钻进水边的泥土中休眠，雨后才会到地面上活动。虽然分布区域不大，但它的数量不少。

饲养喉垂小狭口蛙时，要注意选用椰壳土或黑土作底土，且应该铺厚一些，保持土壤湿润。喉垂小狭口蛙喜欢在挖好的洞里静候食物，食料最好用二龄蟋蟀等体型小的昆虫。夜间它喜欢浸泡在水中，所以还要给它准备一个宽敞的水池。

花细狭口蛙 | *Kalophrynus interlineatus*

主要分布地（国家或地区）：中国南部、
印度尼西亚

体　长：3.5cm~5cm

姬蛙科蛙类头部小巧的特征在细狭口蛙属蛙类身上十分明显。遇到敌人时，它们会使身体膨胀起来，采取防御姿态。有些细狭口蛙的后肢根部还有眼状斑纹，可以在做防御姿态时产生闪烁效果。花细狭口蛙广泛分布在东南亚的热带雨林中，背部布满了不规则的暗色斑点，体侧色点偏深。其个体间体色差异明显，有的个体呈橙色，有的呈黄色，还有的偏绿色。它们主要生活在落叶堆积的森林地面。

饲养花细狭口蛙时要保持底土湿润，并注意缸内通风。它们的弹跳力很强，必须选用有一定高度的缸。此外，细狭口蛙蛙类的体表都会分泌黏液，这是它们的自卫方式之一。

热氏栉姬蛙 | *Ctenophryne geayi*

主要分布地（国家或地区）：南美洲西部至
北部

体　长：4cm~6cm

栉蛙属内有两个物种，热氏栉姬蛙是其中之一。不同于多数姬蛙科蛙类圆滚滚的体型，栉蛙属蛙类的身体较扁。此外，多数姬蛙科蛙类的嘴都很小，但栉蛙属蛙类的嘴却很大，在这一点上它们与负子蟾科负子蟾属（*Pipa*）蛙类比较相似。热氏栉姬蛙的身体呈椭圆形，吻端尖锐，体色为红褐色，上颚至腹部呈黑色。它们生活在森林地面，遇到威胁时会采取假死的策略迷惑敌人，开始假死之后 10 分钟左右它都会一动不动地躺在那里，捕食者经常会被它巧妙的演技所欺骗。

穆氏革背蛙 | *Dermatonotus muelleri*

世界两栖动物图鉴

主要分布地（国家或地区）：巴拉圭、巴西、玻利维亚、阿根廷

体　　长：6cm~7cm

　　穆氏革背蛙有着与其他姬蛙科蛙类相似的外观：头部小巧，吻端尖锐。它们在姬蛙科内算是大型蛙类，后肢有内跖突，擅长挖掘。它的体表光滑，背部呈浅褐色或偏绿的橄榄色，腹部呈黑色，布满白色斑点。

　　穆氏革背蛙栖息在湿润至半干旱草原地区，平时在湿润的地下巢穴中生活，除繁殖期以外几乎看不到它们在地面活动。它以捕食小型昆虫为生，主食有蚂蚁、白蚁等。一旦遭到攻击它会使身体鼓胀起来自卫。

　　饲养穆氏革背蛙时，要在缸底铺上湿润的黑土或椰壳土，底上要有一定的厚度以供它挖洞居住。它虽然看起来体型较大，但吃不了较大的昆虫，所以最好喂蟋蟀幼虫。

背疣齿全蛙 | *Plethodontohyla tuberata*

姬蛙科

主要分布地（国家或地区）：马达加斯加

体　　长：3.5cm~4cm

齿全蛙与暴蛙属有很近的亲缘关系，两者都是马达加斯加的特有物种。齿全蛙蛙类身体扁平，内跖突上有明显的边缘，这是它有别于番茄蛙蛙类的特征。背疣齿全蛙体色为褐色，背部有不规则斑纹，皮肤表面布满小突起，十分粗糙。其腹部布满偏黄色的浅褐色小斑点，雄性腹部斑点尤其多。它们过着陆栖生活，雨季的夜间活动频繁，白天则潜伏在岩石或倒木之下。它们旱季会在地下30cm~60cm处挖洞休眠，因此常被冠以"马达加斯加掘洞蛙"的名字。

背疣齿全蛙在干燥地区难以生存，因此饲养时需要给它制造湿润的环境。

125

姬蛙科

岛暴蛙 | *Dyscophus insularis*

姬蛙科

主要分布地（国家或地区）：马达加斯加西部

体　　长：4cm~5cm

暴蛙属蛙类是马达加斯加特有的姬蛙科蛙类，含有3个物种，区别于科内其他蛙类的特征是内跖突有明显的边缘。岛暴蛙是属内体型最小的一个种，体色也与属内其他蛙类不同，为土黄色或灰褐色，腹部有时出现红色；背部两侧有浅色线条，中部有不规则褐色斑纹；后肢的蹼很发达。它生活在森林地面，常藏身于落叶之下。它的分布区域较属内其他蛙类更广，但由于栖息地的破坏，其个体数量正在不断减少。

岛暴蛙十分喜欢在水中活动，饲养时可以扩大水池面积。

吉氏暴蛙 | *Dyscophus guineti*

主要分布地（国家或地区）：马达加斯加东部
体　长：6cm~9.5cm

世界两栖动物图鉴

吉氏暴蛙体色为红色、橘红色或深黄色，幼体体色与成体不同，为浅褐色。成体背部有虫洞状斑纹，形似铁锈，眼周至背部两侧有黑色线条。吉氏番茄蛙深红色个体与番茄蛙（*D. antongili*）十分相似，只不过吉氏番茄蛙背部中央有一个三角形深色区域，而番茄蛙的背部是红色的，且背部两侧大多没有黑色线条。吉氏番茄蛙遭到袭击时会使身体膨胀起来，采取防御姿态。

吉氏暴蛙的皮肤能分泌白色毒液，如果饲养密度过高则可能会毒死同类。

深红色个体

幼体

彩虹犁足蛙 | *Scaphiophryne marmorata*

> 主要分布地（国家或地区）：马达加斯加
>
> 体　长：3.5cm~5cm

　　犁足蛙属蛙类是马达加斯加特有的姬蛙科蛙类，拥有发达的内跖突，一般在地下挖洞居住。彩虹犁足蛙整体呈绿色，并分布有褐色斑纹；双眼之间有褐色条纹，与背上的条纹相连；后肢有褐色条带状纹理，前肢指尖呈吸盘状；体表布满突起，在繁殖期这些小突起会变成尖刺状。雄性彩虹犁足蛙体型小于雌性，体长大约只有 3.8cm，而体形硕大的雌性常令人误以为是其他物种。彩虹犁足蛙一般栖息在森林中，过着陆栖生活，但偶尔也能在耕地里发现它的身影。由于它的夜行性习惯，平时是非常难得一见的，只有在大雨过后出来觅食时，才会在水边出现大规模的聚集现象。

　　饲养环境下的彩虹犁足蛙不只在地下隐居，偶尔还会在地面活动，最好给它搭建一个可供攀爬的场所。

波波犁足蛙 | *Scaphiophryne boribory*

主要分布地（国家或地区）：马达加斯加南部
体　长：4.9cm~5.9cm

喜欢待在地下的一种。此外它的弹跳力在属内也是极强的。波波犁足蛙主要分布在马达加斯加南部山区，常见于砂质土壤的浸水林区中，草原环境中也有分布。

饲养波波犁足蛙时应选用宽敞的缸，并用木头搭建立体空间。虽说它不喜欢穴居，但并不代表它不会挖洞，如果在缸中放置盆栽植物，很可能会被它连根挖起。

波波犁足蛙是一种大型犁足蛙，体色呈亮绿色或橄榄色，夹杂有黑色斑纹，腹部为黑底白斑。它的皮肤光滑，吻端短小，背部有疣状突起；指、趾细长，尖端有发达的吸盘。它们经常攀爬树木，是犁足蛙属蛙类中最不

马岛犁足蛙 | *Scaphiophryne madagascariensis*

主要分布地（国家或地区）：马达加斯加
体　长：4cm 左右

喉部下方呈黑色，而雌性则没有，我们可以通过这一特征识别雌雄。它会在地面活动，雨后经常能见到，遇到袭击时会使身体鼓胀起来，采取防御姿态。马岛犁足蛙曾经的学名叫作"S. pustulosa"，现在已经不用这个学名了。

饲养状态下的马岛犁足蛙在地下和地上都有活动，但几乎不会攀爬。

马岛犁足蛙体色为亮绿色，全身布满大块褐色斑纹，看起来像网眼斑纹，常以左右对称的形式出现。其背部有细小的突起，但不像彩虹犁足蛙那样粗糙。雄性马岛犁足蛙

戈氏犁足蛙 | *Scaphiophryne gottlebei*

主要分布地（国家或地区）：马达加斯加

体　长：3cm~3.5cm

戈氏犁足蛙体长最长也不会超过4cm，属于小型犁足蛙。其体色鲜艳，易与其他物种区分开来；体表有黄绿色、绿色、橙色、红色及粉色的斑块，斑块之间有黑色隔离带；四肢呈白色，夹杂有黑色斑纹；皮肤表面光滑，无疣状突起；指尖略扁，但未发育成吸盘状。它栖息在干旱地区的河岸及峡谷绿洲中，栖息地十分有限，种群数量也不多，因此戈氏犁足蛙近年已被列入《华盛顿公约》附录Ⅱ。它的隐栖习性非常强，只在雨季出来活动，整个旱季都在岩石下或地下休眠。

野生戈氏犁足蛙主要捕食白蚁，因此在饲养时要喂食小型昆虫。在环境过于干燥时它会进入休眠状态，一动不动。

两栖动物处于食物链底端，又没有尖牙利爪保护自己，因此繁殖策略对于它们的种群延续而言就十分重要了，特别是无尾目（即蛙类）有着花样繁多的繁殖方式。蟾蜍科蛙类以大量繁殖的方式确保种群延续，即使无法逃脱被捕食的命运，大量的后代中也总会有幸存者。而其他产卵数量不多的蛙类也都有各自独特的繁殖策略。大多数蛙类都是在水中度过幼年期，这是它们一生中最危险的时候，许多蛙类都发展出了应对这段危险期的办法。多指节蛙的幼体体型十分庞大，甚至比成体还大，使得一般的鱼类无法捕食它们。树蛙和泡蛙蛙类在产卵时会将卵包裹在泡沫状黏液中，形成卵泡，以此来保护卵不被吃掉，还可以防止脱水。以五指细指蟾为代表的细指蟾蛙类会用土垒砌拦水坝，并用黏液加固坝体，之后在其中产卵，使卵能一直浸泡在水中。非洲牛箱头蛙产卵后会一直守护在旁边，用强有力的颚来驱赶攻击者。生活在中南美洲的玻璃蛙也会守在卵块旁边，为后代驱赶蜜蜂。

照料后代的习性在其他蛙类身上也有体现，艾氏树蛙、棘头雨蛙及一部分箭毒蛙都会在幼体身边产下未受精的卵以供幼体食用。一些箭毒蛙还会时常把幼体转移到水质更好的水域。囊蛙、产婆蛙、负子蟾科蛙类中有的身体上长着育儿袋，有的则将幼体背在背上。达尔文蛙则会把卵含在口中，直到它们长成有行动力的幼蛙才把它们吐出来。这些蛙类都将行动力不足的幼体带在身上，亲自保护后代度过危险期。

耿氏亚洲角蛙等几种蛙类的卵会直接发育成幼蛙而非蝌蚪，有的蛙类甚至没有育卵的过程，直接生出幼体。我们可以在西非的胎生蟾及中美洲的离趾蟾身上看到这种高级的繁殖方式，但总体来说这类卵胎生蛙类是非常稀有的。

蛙类的生活方式多种多样，而生殖方式更是异彩纷呈，令人惊叹。

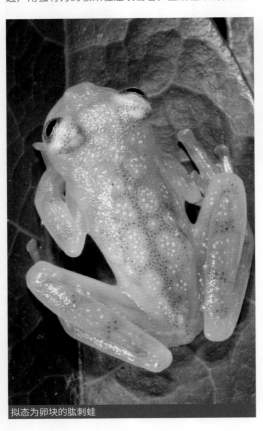

拟态为卵块的肱刺蛙

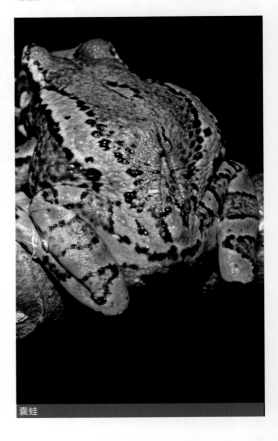

囊蛙

散疣短头蛙 | *Breviceps adspersus*

主要分布地（国家或地区）：非洲东部至东南部

体　长：4cm~6cm

　　短头蛙隶属于姬蛙科，由几个属共同构成了短头蛙亚科（Brevicipitinae）。它们在干旱地区特化出了独特的生存本领，十分擅长掘洞。散疣短头蛙又称"草原短头蛙"，四肢短小，吻端短而圆，雌性体型大于雄性。其体表大多光滑，但有一部分个体的皮肤略有粗糙感；背部有褐色斑纹，有两对黄褐色斑纹并列。它的栖息地主要位于砂质土壤的萨瓦纳草原地带，在森林及草原中比较多见。它们平时在地下挖洞藏身，只在雨后到地面活动。冬季来临时，它会在树根处挖洞，集体过冬。散疣短头蛙由于可爱的外形而备受人类喜爱，但其野外活动时间非常有限，很难捕捉，因此市面上十分罕见。

莫桑比克短头蛙 | *Breviceps mossambicus*

世界两栖动物图鉴

主要分布地（国家或地区）：非洲东部至东南部

体　　长：2.3cm~5.2cm

　　莫桑比克短头蛙的吻端比其他短头蛙略尖，皮肤光滑，四肢短小。它的体色为深褐色，体侧有浅褐色线条，眼部后方至前肢根部有黑色线条。其腹部有茶色斑纹，这一点使它有别于散疣短头蛙，不过两者之间其实有许多过渡类型的蛙类。

　　莫桑比克短头蛙生活在萨瓦纳草原，在山地及丘陵地区较常见。它平时在地下挖洞藏身，雨后到地面上活动。繁殖期内雄性的喉部会分泌黏液，以便在配对时牢牢黏住雌性的背部。它们主要捕食小型昆虫，野生状态下以白蚁为主食。

　　饲养莫桑比克短头蛙需要在缸底铺上厚实的黑土，并将底部润湿。夜间喷雾可以促使它爬出地面，平时可以让它在土中休息，偶尔喂水喂食即可，喂食以小蟋蟀为宜。

红带步行蛙 | *Phrynomantis bifasciatus*

姬蛙科

| 主要分布地（国家或地区）：非洲中部以南 |
| 体　长：5cm~6.5cm |

蟾姬蛙属列于姬蛙科蟾姬蛙属亚科之下，包含 5 个物种。在日语中蟾姬蛙被称为"谜蛙"，这个名字来源于它长期不确定的分类学位置，现在也有专家认为应该把它单独拿出来成立蟾姬蛙科。由于蟾姬蛙颈部较长，所以俗称"长脖蛙"。红带步行蛙是蟾姬蛙属大型蛙类，体色为黑色，背部有线条且一直延伸至吻端。环境明亮时其背部颜色会变成灰色，线条颜色会变成浅桃色。蟾姬蛙蛙类的皮肤都能分泌刺激性黏液以自卫，这种黏液毒性很强，粘到手上会有灼烧感，要注意绝不能用碰过蟾姬蛙的手再触碰自己的黏膜部位。它主要在地面活动，也经常攀爬树木，通常以白蚁及其他蚂蚁为主食，有时会直接住在白蚁巢里。

133

姬蛙科

小眼蟾姬蛙 | *Phrynomantis microps*

姬蛙科

| 主要分布地（国家或地区）：非洲西部、中部 |
| 体　长：4cm~4.5cm |

小眼蟾姬蛙体型与属内其他蛙类类似，都是身体细长、头部小。它的皮肤光滑，背部呈红色，有的个体是纯红色，有的则是红底黑斑。其体侧及四肢呈黑色，夹杂有红斑；体色可以随湿度大小、光线明暗而变化，有时红色部分会变成橙色或浅桃色。小眼蟾姬蛙生活在草原及干旱稀树草原，常与白蚁共处一巢。它的皮肤也能分泌毒液，人类接触后皮肤会产生灼痛感。

饲养小眼蟾姬蛙可以用干燥的底土，但要布置一些苔藓作为湿润区。可以布置一个水池，但它不太擅长游泳，所以水池不要太深。

理纹肩蛙 | *Hemisus marmoratus*

肩蛙科

主要分布地（国家或地区）：非洲中部
及南部

体　长：3cm~5cm

肩蛙科下仅有肩蛙属一个属，属内蛙类都有着尖锐的头部，适合在地下生活。理纹肩蛙体色为茶色或黄褐色，全身覆盖着黑色斑纹。其前肢比后肢还要发达，它就是利用发达的前肢和软骨质的头部在土中挖掘洞穴的。而其他科的地栖蛙类掘洞时通常都用后肢挖土。它生活的地区是几乎没有树木生长的干旱地区，所以一年中的大部分时间都在洞穴中捕食白蚁度过。

饲养理纹肩蛙要用软土铺厚缸底，并喂食小块食料。

134

世界两栖动物图鉴

夏季饲养注意事项

两栖动物普遍喜好低温环境，特别是栖息在高山、溪流或湿地中的品种更是无法承受高温。日本大部分国土处于温带至亚热带，夏季气温较高，城镇及盆地中甚至经常出现 38℃以上的酷暑天气，在封闭的室内环境中温度则更高。这样的温度对于喜好低温的两栖动物来说是致命的，饲养大部分两栖动物时都要进行必要的防暑降温措施。

最便利的方法就是开空调，降低整体室温。对于大多数喜好低温的物种来说，23℃左右的室温就基本可以接受。如果难以保持空调常开，可以仅在气温较高的白天开，还可以用电风扇吹风，以防缸内闷热。不过用电风扇吹风的同时也容易带走底土及两栖动物本身的水分，最好定期喷雾以保持缸内湿润。此外还可以利用蒸发吸热的原理降温，具体做法是在缸里放置一个淋湿的陶土花盆或砖块，水分蒸发时就会带走缸内的热量，这种方法可以降温 2℃~3℃。洒水降温的方法古已有之，虽然看起来简单但确实有效。

此外，还可以在塑料盒里铺上苔藓作为临时缸，或者把动物放在设定至合适温度的冰箱里饲养。如果是水栖物种，可以把缸浸泡在水槽里，再用观赏鱼用制冷器冷却水槽里的水。空闲时间较多的饲养者可以用泡沫塑料等隔热材料把缸包起来，再在内部放置保冷剂。这种方法需要经常更换保冷剂，比较费时间，优点是比较省电。缸的位置也要注意，最好放在家中阴凉处，离地面不要太高。

只要注意上述事项，相信一定能让你的宠物安全度过高温季节。

橙条汀蟾 | *Limnodynastes salmini*

主要分布地（国家或地区）：澳大利亚
体　　长：6cm~7.5cm

肩蛙科／汀蟾科

汀蟾科（Limnodynastidae）曾归属于龟蟾科，现在独立成为一科。汀蟾科蛙类体型敦实、眼睛大。橙条汀蟾体色为褐色，背部有橙色或粉色线条，抑或有不规则黑斑。它生活在草原及湿地中，常藏身于倒木、岩石之下，主要在雨后出来活动。汀蟾蛙类产卵时会用泡沫状卵泡包裹受精卵。

橙条汀蟾成体生命力比较顽强，但幼体体质较弱，喂食时要喂小块食物，并注意通风降温。

蛙用人工饲料

两栖动物（特别是蛙类）都是靠识别运动物体的方式寻找食物，所以一般喂食活昆虫即可。喂食无生命饵料时需要在它面前晃动饵料它才会吃。像是蟾蜍科、角蛙科及非洲牛箱头蛙这类食量大的蛙类，只要我们用镊子把食物夹到它面前晃一晃，它都会扑上来一口吃掉。树栖蛙类中，绿雨滨蛙、巨雨滨蛙及毒雨滨蛙等中大型蛙类也能对这种喂食方式起反应。饲料不一定是昆虫，现在市面上有角蛙用人工饲料，我们也可以用这种方法喂食人工饲料。这种人工饲料是用粉末制成的球状物，不仅可以喂角蛙，还可以喂非洲牛箱头蛙等陆栖大型蛙类。非洲爪蟾则对人工饲料完全没有抵触情绪，有时还主动去吃沉在水底的观赏鱼饲料。小丑蛙可以喂肉食鱼饲料。

市面上销售的蛙用人工饲料

奇异多指节蟾 | *Pseudis paradoxa*

世界两栖动物图鉴

主要分布地（国家或地区）：南美洲中部以北

体　长：4.5cm~7.5cm

　　多指节蟾科虽然在这里作为独立的科，但有些专家认为它应该隶属于雨蛙科，其分类学地位至今不明确。多指节蟾科仅由多指节蟾属一个属构成，多指节蟾属中含有 2~6 个物种。奇异多指节蟾是其中分布最广、最有代表性的一种。它后肢的蹼十分发达，习性偏水栖。其幼体比成体还大，体长可达 20cm。因为这种幼体大、成体小的独特现象，它在日语中又被称为"颠倒蛙"。奇异多指节蟾生活在植物茂密的沼泽、池塘附近，白天夜晚都有活动。它常在水面漂浮，捕食昆虫及小型蛙类。

　　饲养奇异多指节蟾可以用水面宽阔的水槽，并在水中布置浮岛或水草供它歇脚。

幼体

日本林蛙 | *Rana japonica*

蛙科

多指节蟾科／蛙科

主要分布地（国家或地区）：日本、中国

体　长：3.5cm~7cm

　　蛙属蛙类在全世界范围内都有分布。除日本外，日本林蛙在中国也有分布。在日本，它是常见的几种蛙类之一。它的鼻尖较尖，后肢强韧富有弹跳力，体色为红褐色或浅褐色，吻端至鼓膜后方有黑色斑纹。日本林蛙与日本棕蛙十分相似，二者经常被混淆。其实通过观察背部侧面的线条就可以区分，日本林蛙背部的两条线从眼部后方开始平行延伸到腰部，而日本棕蛙的这两条线在鼓膜后方忽然折向内侧。日本林蛙生活在平原，常见于水田、草丛、森林等处，过着陆栖生活，受惊吓时会迅速逃进水中。

　　日本林蛙的弹跳力很强，要用大一点的缸饲养。缸内可以布置成水陆各半的格局，并在陆地部分布置一些植物。

日本棕蛙 | *Rana ornativentris*

主要分布地（国家或地区）：日本

体　　长：3.5cm~8cm

日本棕蛙外观与日本林蛙颇为类似，吻端圆、头部宽。与日本林蛙不同的是，日本棕蛙背部侧面的线条在鼓膜后方会发生弯曲。此外，日本棕蛙的下颌处有许多黑斑，而日本林蛙没有。日本棕蛙体型较大，雌性体长可以达到 8cm。它喜欢在山地生活，常见于海拔较高的林区，在平原也有分布，常与日本林蛙混居。它们在静水中产卵，一个卵块中含有 1000 颗以上的卵。

饲养方法可以参考日本林蛙。

达摩蛙 | *Rana porosa*

名古屋达摩蛙亚种（冈山种群）

主要分布地（国家或地区）：日本

体　　长：3.5cm~9cm

达摩蛙的外形与黑斑蛙十分相似，分布区域也有重合。不过达摩蛙的体型比黑斑蛙略小，且四肢更短、身体更壮实。达摩蛙背部有暗色斑点，相互不连接，条状突起比黑斑蛙更光滑。此外，黑斑蛙雌雄个体体色不同，而达摩蛙的雌雄个体没有体色分异。达摩蛙有两个亚种，模式亚种叫东京达摩蛙（R. p. porosa），分布在仙台平原、关东平原及长野县中北部，背部中线上有一条异色条纹。另一个亚种为名古屋达摩蛙（*R. p. brevipoda*），分布在中部及东海地区、山阳地区及香川县，可进一步细分为濑户内海地区的冈山种群和除此之外的名古屋种群。在关东平原的达摩蛙分布区内并无黑斑蛙分布，但由于黑斑蛙更为人所知且二者外形相似，所以常常被人混淆。野生达摩蛙一般在水田、沼泽、池塘及河流的支流中生活。

黑斑侧褶蛙 | *Pelophylax nigromaculatus*

主要分布地（国家或地区）：东亚、俄罗斯东部

体　长：4cm~9cm

　　黑斑侧褶蛙是日本的蛙类中比较有代表性的一种，生活在水田及小河里。其雌雄个体的体色不同，雄性偏绿色，雌性偏灰褐色。值得一提的是，交配期的雄性背部会变成金黄色。黑斑侧褶蛙的外形与达摩蛙相近，但吻端更尖、后肢更长，背部的条形突起也更明显。

　　黑斑侧褶蛙的弹跳力很强，一下就能跳出很远的距离。因此，在野外捕捉黑斑蛙是十分困难的，它往往立刻就能逃进水里。雄性黑斑侧褶蛙拥有自己的领地范围，一旦其他蛙类闯入它就会上前驱赶。它生活在平原地区的水田、池塘里，与人类朝夕相处。雄性在进入繁殖期后，双颊会膨胀起来，发出求偶鸣叫。

　　饲养黑斑侧褶蛙时可以在缸里布置一处水池，放点水草，让它可以躲进去小憩。在缸壁上可以围上幕布遮光，以防外界的刺激。

139

蛙科

粗皮蛙 | *Rana rugosa*

主要分布地（国家或地区）：日本、朝鲜半岛、
　　　　　　　　　　　　　中国、俄罗斯

体　长：4cm~5cm

　　粗皮蛙在蛙属内处于比较边缘的位置，外形与属内其他蛙类有一定差异。粗皮蛙吻端尖，四肢粗壮，体色为灰褐色或灰色，夹杂有暗色小斑点。它的体表布满疣状突起，十分粗糙。为了保护自己免受捕食，它能从皮肤中分泌出一种散发臭气的液体，这种分泌液使猎食者难以靠近。粗皮蛙的分布范围很广，从平原到低地的水边，从山区溪流到河滩，甚至在城镇中也能见到它的身影。它对水质的要求极低，在其他蛙类均不能生存的受污染水体中也能存活。

　　粗皮蛙是生命力顽强、十分容易喂养的蛙类。

冲绳尖鼻蛙 | *Rana narina*

世界两栖动物图鉴

主要分布地（国家或地区）：日本

体　长：4cm~7cm

　　蛙属的构成庞大而复杂，因此有人认为应该将蛙属中的一部分蛙类独立划分为新的属。例如冲绳尖鼻蛙，有专家认为它应该与其他几个近缘物种共同构成新的属，称为"*Eburana*"。冲绳尖鼻蛙是分布在冲绳的日本特有物种，吻端长，后肢弹跳力极强，指尖呈吸盘状。其体色存在个体差异，有的为金褐色，有的夹杂有绿斑，有的则通体绿色。它一般栖息在山区森林中，在森林地面及道路附近活动。它以昆虫为主食，也捕食蜈蚣、蚰蜒及小河蟹。

　　冲绳尖鼻蛙的弹跳力比其他蛙科成员要强得多，饲养时最好在缸里放一些碎花盆块、人工植物等可供隐蔽的物体，使它保持情绪平静。

大绿臭蛙 | *odorrana graminea*

主要分布地（国家或地区）：中国、东南亚地区

体　　长：10cm~12.5cm

大绿臭蛙是分布在中国至东南亚地区的蛙科动物，被单列为臭蛙属（Odorrana）。它的体型较大，雌性体长可达 12cm；四肢修长，前肢的指尖呈盘状；背部呈艳绿色，

身体侧面呈褐色，腹部呈白色；四肢呈浅褐色，夹杂有深色斑纹。它一般在河流附近的森林、草原中居住，白天在隐蔽处休息，夜间活动。

大绿臭蛙体型大、弹跳力强且空间感知能力良好，一旦适应缸内生活就不会再四处乱撞。

花臭蛙 | *odorrana schmackeri*

主要分布地（国家或地区）：中国南部

体　　长：5cm~8cm

花臭蛙也是"臭蛙"大家庭的一员，体色为深绿色，夹杂有深褐色的不规则斑纹，体表略感粗糙；四肢呈浅褐色，同样布满深色不规则斑纹。这样的外观与日本的石川蛙（Rana ishikawae）极为相似。花臭蛙常

见于山区溪流附近，特别是植物茂密的岸边和被苔藓覆盖的岩壁上。在这些地方，花臭蛙的体色就成了天然的伪装色，让人很难分辨。一旦遭遇惊吓，它就会迅速跳进水中，并在水里潜伏 10 分钟以上。

花臭蛙在饲养状态下难以承受高温，缸内温度必须保持在 20℃左右。条件允许的情况下最好在缸内制造流水环境。

侧纹水蛙 | *Rana signata*

主要分布地（国家或地区）：印度尼西亚、泰国、马来西亚

体　长：3cm~7.5cm

侧纹水蛙是一种中小型蛙类，身体瘦小，四肢修长，体表光滑。它的体色为黑色，身体侧面有红色、黄色或橙色线条；四肢颜色与身体颜色相同，色块呈斑点状；背部有金色或橙色小斑点。其背部斑纹存在个体差异，不同的个体斑纹的数量及大小均有不同。侧纹水蛙属于蛙科水蛙属（*Hylarana*），有几个近似物种，且分布区域也大致相同，因此常被混为一谈。它栖息在湿地及低海拔的森林中，主要在溪流附近的植物丛中活动，经常躲在树根或倒木下面鸣叫。

侧纹水蛙无法忍受高温和闷热，饲养时要注意。它的眼睛较大，在运输过程中常会发生擦碰，使眼球产生白浊现象。轻度的白浊不影响正常喂养，在适当的环境下一般会自然痊愈。

郁蛙 | *Rana luctuosa*

主要分布地（国家或地区）：印度尼西亚、马来西亚
体　　长：4cm~5cm

　　郁蛙体型短粗，吻端较短。其背部呈深红褐色，身体侧面及面部呈黑色，四肢亦呈黑色，且夹杂有白色斑纹。其因深红褐色的体色而得名"红木蛙"。它栖息在低地森林、山区、郊外田园及沼泽等环境中。

　　蛙科蛙类的弹跳力都很强，郁蛙也不例外，饲养郁蛙时要特别小心它逃脱。

平疣湍蛙 | *Amolops tuberodepressus*

主要分布地（国家或地区）：中国南部
体　　长：5.6cm~7.5cm

　　湍蛙蛙类生活在山区急流附近，属蛙科。其四肢修长，指尖呈盘状，后肢的蹼很大。与其他属蛙类不同的是，湍蛙蛙类的雄性没有鸣囊。一些专家认为，平疣湍蛙与四川湍蛙（*Amolops mantzorum*）其实是同一个物种。平疣湍蛙是一种大型湍蛙，雌性体型比雄性更大。其体色变异极为丰富，多数个体背部颜色为蓝绿色、黄绿色、褐色和黄褐色等，夹杂有红铜色、土黄色的不规则斑纹，体侧及四肢也多有黑斑。它栖息在海拔1000m~3800m的高山上，常在溪流附近或流水正中的岩石上活动。它白天一般在岩石下休息，夜间出来活动。

　　平疣湍蛙受不了高温，饲养时缸内温度最好保持在20℃或更低。

花棘蛙 | *Maculopaa maculosa*

主要分布地（国家或地区）：中国
体　　长：7.5cm~10cm

模糊。花棘蛙栖息在山林中的溪流附近，入夜后常在岸边出没。

　　棘蛙蛙类比较喜欢水栖生活，饲养时可以将水放到刚好与它身高相同的位置，再在水中布置一个小岛兼躲避洞的物体。花棘蛙尤其喜欢凉爽的环境，因此必须注意降温。

　　棘蛙属蛙类有共同的外形特征，那就是雄性在进入繁殖期后胸腹部会出现许多坚硬的刺状突起，因此在日语中棘蛙属又被称作"胸棘蛙属"或"腹棘蛙属"。棘蛙属有时被整体归入蛙属，有时又被细分为几个小属。花棘蛙是体型壮实的一种棘蛙，雌性体型大于雄性。其背部布满了大小不一的疣状突起，但比起属内其他蛙类，花棘蛙的皮肤还是比较光滑的。它的背部有紫黑色和黄绿色构成的复杂斑纹，四肢也是同样的配色，但比较

胸部

独角大头蛙 | *Limnonectes plicatellus*

主要分布地（国家或地区）：泰国、马来西亚、新加坡
体　　长：3.5cm~4.3cm

因此很容易分辨。不过雌性独角大头蛙头上没有角，与其他大头蛙蛙类外观十分相近。独角大头蛙栖息在海拔1200m左右的高地上，常见于次生林中的溪流附近，近水的岩石、倒木底下就是它们的居所。与其他大头蛙蛙类相比，独角大头蛙明显喜欢陆栖生活，几乎不怎么下水。

　　独角大头蛙的英文名叫"独角兽蛙"，正如这个名字所示，成年的雄性独角大头蛙头顶会长出一个瘤状突起，这个突起看上去就像一只向后的犄角。这一特征只在独角大头蛙身上出现而不见之于其他大头蛙蛙类，

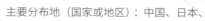

马来泽陆蛙 | *Fejervarya limnocharis*

主要分布地（国家或地区）：中国、日本、
东南亚地区

体　长：4cm~4.5cm

陆蛙属蛙类有时被归为蛙属，有时被归为独角蛙属（*Limnonectes*），在这里我们把它单独归作一属。马来泽陆蛙的外观与蛙属中的粗皮蛙比较相近，但它的腹部呈白色，疣状突起较少，且雄性的下颌有一对黑斑。它的分布范围非常广，分布在菲律宾和斯里兰卡的亚种有时被视作独立的种。分布在日本的马来泽陆蛙内部也有分异。分布在先岛群岛上的个体体型明显大于其他地区的个体，且后肢更长、背部中心线更粗。现在它们已经被单独划为一个种，叫作"先岛陆蛙"。马来泽陆蛙的幼体耐高温能力十分强悍，能在43℃的水中生存，是所有蛙类中的耐高温之王。

马来泽陆蛙的耐高温属性使它十分容易饲养。

蛙类的捕食方法

大多数蛙类都是伏击型捕猎者，从不会主动追逐猎物，而是静静地等待猎物接近。为了察觉猎物的运动，蛙类都练出了一双视力极强的眼睛，这也是为什么蛙类的眼睛都向外凸出。还有一些蛙类发展了视觉之外的感官，比如负子蟾，它们平时在能见度很低的浑水中活动，因此它们能够使用指尖的感受器接受水流扰动的信号，从而得知猎物通过的消息。所有蛙类都用嘴捕食。我们知道蛙类的嘴都非常大，这是因为伏击型的猎食方式决定了它们的捕食机会注定不多，所以必须珍惜每一次机会。为了抓住本就不多的捕食机会，钟角蛙等一众蛙类演化出了锐利而坚硬的牙齿，猎物一旦被咬住就再也无法挣脱。小丑蛙和非洲牛箱头蛙身上的牙状突起也是起着同样的作用，为了捕捉体型比自己大的猎物，只有凭借特殊的身体构造。而箭毒蛙等小型蛙类又如何呢？它们一般捕食蚂蚁、蚜虫、果蝇等体型微小的昆虫，为此它们练就了迅速弹出舌头粘获猎物的本领。以小型昆虫为食也就意味着必须提高捕食次数，而这种用舌头捕食的方法消耗的能量是最低的。锥吻蟾的舌头构造就像手枪，能够迅速弹射，它们凭借这样的本事在地下洞穴中以捕食白蚁为生。

此外，以虎纹腿猴树蛙为代表的猴树蛙、绿雨滨蛙、毒叶蛙等蛙类捕猎时还会用前肢辅助。在张开大嘴扑向猎物的时候，如果猎物过大，它们就会用前肢把猎物扒进嘴里。

尖舌浮蛙 | *Occidozyga lima*

| 主要分布地（国家或地区）：中国、印度、 |
| 东南亚地区 |
| 体　　长：2.5cm~3.5cm |

尖舌浮蛙在东南亚地区分布广泛，曾以其独特的舌头而被独自列为浮蛙属中唯一的物种，近年又有几个其他物种加入了浮蛙属。尖舌浮蛙体色为褐色或绿色，眼睛向上凸出，前后肢的蹼都很发达。它们在沼泽、池塘和水田等静水环境中过着水栖生活，平时漂浮在水中，只把眼睛露出水面。尖舌浮蛙的数量很大，常被当作鱼饲料大量养殖，不过分布在中国香港的种群近年来数量有急剧减少的趋势。

尖舌浮蛙浮水生活的习性十分有趣。如果想要饲养尖舌浮蛙，可以在水里放一些漂浮的水草以供它休息。喂食时要把昆虫放在它的眼前。

巨谐蛙 | *Conraua goliath*

| 主要分布地（国家或地区）：喀麦隆、 |
| 赤道几内亚 |
| 体　　长：17cm~32cm |

巨谐蛙是世界上最大的蛙类，体长最大能达34cm，四肢伸开能达到70cm，体重最重可超过3kg。其体色为带绿的黑褐色或土黄色，背部布满了粒状突起；腹部光滑，呈黄色或白色；后肢的蹼十分发达，弹跳力非常强。它们常在激流或瀑布附近活动，那里的水含氧量丰富，温度较低。它们的栖息地水温一般在16℃~23℃。

巨谐蛙以昆虫为主食，也吃鱼类、其他蛙类以及蟹类、蝎子等甲壳动物。虽然它们的食性如此繁杂，但在饲养环境下它们却不怎么喜欢吃食，比较难养活。巨谐蛙十分敏感、弹跳力强，所以最好选用宽敞的水槽饲养，在四周围上布遮光以使其保持平静，并注意保持低温。巨谐蛙栖息地有限，且被人类当作食用动物捕捉，加之栖息地环境不断恶化，因此野生个体数量正在急剧减少。

耿氏亚洲角蛙 | *Ceratobatracus guentheri*

蛙科

主要分布地（国家或地区）：所罗门群岛

体　长：6cm~8cm

耿氏亚洲角蛙外形与角蟾属蛙类十分相近，常被称为"所罗门角蟾"，但它们二者之间却并没有什么亲缘关系，这就是趋同进化（参考第101页）的结果。耿氏亚洲角蛙头部硕大、吻端尖锐，眼睑上方有犄角状突起。它的体色非常多样，有灰褐色或红褐色的纯色个体，也有浅褐色底色夹杂深褐色斑纹的个体，也有只有背部中央呈深色的个体，还有布满绿色迷彩斑纹的个体，甚至有通体亮黄色的个体。它的卵能够直接孵化出幼蛙，没有蝌蚪的阶段。

耿氏亚洲角蛙看似安静，实则弹跳力极强，所以饲养时要选有一定高度的缸。与大多数蛙类不同的是，它对低温的耐受力不强，因此在冬季饲养时需要适当加温。

147

蛙科

非洲牛箱头蛙 | *Pyxicephalus adspersus*

幼体

主要分布地（国家或地区）：非洲中南部
体　长：14cm~20cm

世界两栖动物图鉴

　　雄性非洲牛箱头蛙的体型大于雌性，这在蛙类的世界中是非常罕见的。雄性非洲牛箱头蛙的体长最长可达 24cm，体重最重可达 1.4kg。幼蛙体色为浅绿色，底色夹杂有亮色线条。发育为亚成体之后，它们的体色就会发生极大的变化，身体以深橄榄色或灰绿色为底色，背部有奶油色的条带状隆起。成年雄性的背部会出现明显的条带状隆起，头部也会变大。它们一般在雨后开始繁殖活动，届时众多雄性非洲牛箱头蛙会来到水塘边发出求偶鸣叫。与其他蛙类不同的是，非洲牛箱头蛙不在夜里鸣叫，而是在白天鸣叫。它们集群鸣叫时，大个头的个体会占据池塘中央的位置，小个头的个体则会被挤到浅水区。

　　非洲牛箱头蛙食欲非常旺盛，在野外会捕食小鸟及小型哺乳类动物，有时甚至会同类相食，因此最好不要把几只非洲牛箱头蛙养在一处。给它们喂食不会有任何困难，但要注意控制食量，不然喂食过量可能会导致死亡。

可食牛箱头蛙 | *Pyxicephalus edulis*

幼体

主要分布地（国家或地区）：撒哈拉以南的非洲
体　长：8cm~13cm

　　可食牛箱头蛙一度被当作非洲牛箱头蛙的亚种，现在已独立成种。其雌雄个体体长相差无几，但雌性体重只有雄性的一半左右。可食牛箱头蛙的下颌有一对明显的牙状突起，背部也有条带状隆起，但没有非洲牛箱头蛙那么明显。可食箱牛头蛙的吻端略细长，鼓膜与眼窝间距小于鼓膜直径（非洲牛箱头蛙正好相反）。成年可食牛箱头蛙背部呈灰暗的橄榄色或黄绿色，雄性个体体色偏绿，喉部呈黄色；雌性个体体色偏褐色，身体侧面有醒目的线条。幼体背部呈暗绿色，点缀有黄绿色线条和金色或黑色斑点。

　　可食牛箱头蛙喜好砂质及黏土质土壤，食欲旺盛，只要有运动的物体经过，它都会扑上去捕食。

染色箭毒蛙 | *Dendrobates tinctorius*

巴西产

主要分布地（国家或地区）：法属圭亚那、苏里南、圭亚那、巴西

体　长：4cm~5cm

　　箭毒蛙科蛙类分布在中南美洲，是一群体型小巧的陆栖蛙类，有着鲜艳的体色。一般来说鲜艳的皮肤即代表毒性，但它们的毒性并没有人们想象中的那么恐怖，只有极少数几种蛙类的毒性较大，触摸后会有中毒风险，其他品种的蛙类毒性并不大。大多数两栖动物体表或多或少都能分泌有毒物质，箭毒蛙并不是特例。

　　箭毒蛙属（*Dendrobates*）含有多个种，在箭毒蛙科内是规模很大的一个属。有时人们倾向于将箭毒蛙属细分成几个不同的属，本书暂且持保守态度，仍将其视为一个属。

　　染色箭毒蛙是箭毒蛙属内体型最大的蛙类，生活在热带雨林的地表。其体色十分丰富，且存在地区分异。大部分个体四肢呈深蓝色或蓝紫色，亦有呈黑色或明黄色的个体。其身体斑纹也同样多变，有的呈小斑点状，有的呈条纹状、网眼状等。此外，其体表还多夹杂有橙色、黄色或白色斑点。

染色箭毒蛙

黄背

世界两栖动物图鉴

埃拉尼斯

粉蓝

帕特丽霞

奥亚波克

薰衣草

娜塔莎

钴蓝

箭毒蛙科

两栖动物的伤病

两栖动物的各类伤病很难由非专业人士独自治愈，因此防患于未然就是最佳的防治手段。本书多次提到，两栖动物对生存环境十分敏感，饲养过程中出现的各类伤病也多与饲养环境不合适有关。

【示例】

眼睛浑浊、鼻尖及头部皮肤破损

蛙类鼻尖及头部的皮肤破损多由撞击缸壁导致，其原因一般是缸内空间不足，而眼球浑浊一般由碰撞缸内摆件引起。因此在选择生态缸及布置缸内环境时要注意，首先应留出足够宽敞的活动空间，其次不要在缸内布置带尖角的物品，以防蛙类碰伤自己。

四肢内侧及腹部红肿

这类症状可能是由排泄物导致的自体中毒或细菌感染，其根本原因是底土更换不够频繁。除经常更换底土之外，我们还应时常清理缸壁上的蜕皮和固体排泄物。要注意的是，树栖物种同样会将蜕皮和粪便粘到缸壁上，必须及时清理。此外，泥炭土等酸性较强的土壤也会使一部分物种出现上述症状。发现两栖动物出现了这些症状时，不妨更换一下底土的材质。

腹部鼓胀不能复原

蛙类腹部长时间鼓胀极大可能由积食引起。喂食过量是一个原因，但更多时候是食物上的沙砾引起的。两栖动物在进食时会将许多附着在食物上的沙砾一同咽下，这些沙砾阻塞在消化道内无法排出，积累到一定程度就会出现腹部鼓胀的现象。饲养地栖或水栖物种时，需要注意底土的材质及粒径大小。

遗憾的是，即使我们注意到了这些要点，两栖动物也还是可能出现各种其他伤病。这时，除了改善环境、寻求兽医帮助之外，就只能依靠它们自己的自愈能力了。在发生伤病时，我们要保持缸内卫生清洁，勤更换底土，勤清洗、更换缸内摆件。对于水栖物种要勤换水，树栖或地栖物种则要保证通风良好，谨防二次感染。不过，所有这些努力都仅仅是帮助它们提高自愈能力的尝试，并非治疗手段，要想避免两栖动物出现伤病，还要从细微处入手，营造适合它们生活的环境。

迷彩箭毒蛙 | *Dendrobates auratus*

加勒比绿色品种

主要分布地（国家或地区）：洪都拉斯以南至哥伦比亚

体　　长：3cm~4cm

　　箭毒蛙科蛙类迁移性不强，体色的地区分异十分明显，在一个栖息地内往往有着统一的体色，因此人们常在它们的名称前冠以地名加以区分。迷彩箭毒蛙也不例外，它有几种不同的体色形态。一般的个体体色是黑色底色上夹杂有带金属光泽的绿斑，此外还有黑底蓝斑、黑底金斑、铜底绿斑和铜底蓝斑等种类。迷彩箭毒蛙原产于中南美洲，主要栖息在哥斯达黎加的热带雨林中，清晨时最为活跃。它曾被当作防治蚊虫的生物手段引入夏威夷，并在当地落地生根。

　　饲养状态下的迷彩箭毒蛙十分胆小，在不适应饲养环境的情况下会极少出现在人类面前。

蓝色品种

坎帕尼亚

细斑品种

埃尔库帕

黄带箭毒蛙 | *Dendrobates leucomelas*

世界两栖动物图鉴

主要分布地（国家或地区）：哥伦比亚、委内瑞拉、圭亚那、巴西

体　长：3cm~3.8cm

黄带箭毒蛙背部底色为黑色，全身有黄色带状斑纹，带状斑纹上夹杂有黑色小斑点；四肢与背部同呈黄色，腹部一般呈黑色。黄带箭毒蛙的体色类型在个体间略有差异，但无地区分异。它的指尖有吸盘，生活在高湿的低地森林中，常在落叶堆积的地表活动。如果一些栖息地气温较高，甚至超过 30℃时，它通常会以夏眠的方式度过旱季。在箭毒蛙属蛙类中，夏眠的习性仅见于黄带箭毒蛙。

黄带箭毒蛙是容易饲养的箭毒蛙之一。野生黄带箭毒蛙的皮肤能分泌毒性液体，这是由于它们以蚂蚁为主食，毒素不断在体内富集导致。人工繁育或经过长时间饲养的个体则不再分泌毒液（这条规律也同样适用于其他箭毒蛙）。

钴蓝箭毒蛙 | *Dendrobates azureus*

主要分布地（国家或地区）：苏里南、巴西

体　长：3cm~6cm

　　钴蓝箭毒蛙是与染色箭毒蛙在体型方面不相上下的大型箭毒蛙，雌性体型稍大于雄性。其体色非常鲜艳，背部底色为亮蓝色或蓝紫色，越靠近腹部颜色越浅，逐渐过渡为淡蓝色；四肢亦呈蓝色，且比背部的蓝色更深；背部、体侧及腹部散布着黑斑。如此鲜艳的体色从幼年期就伴随着它们，只不过不同个体配色略有差异。雌性钴蓝箭毒蛙在凤梨科植物的叶腋或岩石裂隙中的积水里产卵，雄性则负责巡视、保护这些产卵地。蝌蚪孵化出来后，父母会把它们搬运到其他水域。钴蓝箭毒蛙生活在高湿的森林中，常在水温较低的溪流附近活动，喜欢隐藏在岩石、倒木之下，但有时也能发现它们待在树上距离地面 5m 的高处。由于生存环境遭到破坏，其数量正在不断减少。

草莓箭毒蛙 | *Dendrobates pumilio*

埃斯库多

主要分布地（国家或地区）：尼加拉瓜、巴拿马、哥斯达黎加

体　　长：1.8cm~2.4cm

　　草莓箭毒蛙是一种分布在中南美洲的小型箭毒蛙，不同地区间的个体体色分异十分多样。最普遍的体色类型是红底黑斑、后肢深蓝的配色，此外还有纯红色、纯橙色、纯黄色、黄绿色、朱红底黑斑、橙底黑斑和黄身黑肢等。拥有这些配色的个体多分布在巴拿马近海岛屿上。尤其是生活在巴斯蒂门多斯岛上的种群，即便是同一种群之内也还有多种体色分异。一般来说，雄性草莓箭毒蛙的喉部都会有灰色或其他颜色的深色小斑点。

　　草莓箭毒蛙生活在热带雨林中，雄性都有自己的领地范围，一般在方圆 3m 左右，一旦遭到其他雄性侵入便会发生打斗。繁殖时，雌性会把雄性引诱到它们选好的繁殖场所进行交配，受精卵孵化成蝌蚪后雌性还会将其送到其他水洼中去。通常来说，一处水洼里只能有一只蝌蚪，即使有两只以上最后也只有一只能存活下来。为了喂养后代，雌性还会到有蝌蚪的水洼边产下未受精的卵以供其食用，因此又被称为"食卵蛙"。不过也正因为上述习性，使得人工繁育草莓箭毒蛙变得十分困难。

蓝牛仔

巴斯蒂门多斯

阿尔米兰特

卡彻罗

克里斯托巴尔

多斑箭毒蛙 | *Dendrobates variabilis*

世界两栖动物图鉴

主要分布地（国家或地区）：秘鲁、厄瓜多尔

体　　长：2cm 左右

多斑箭毒蛙是一种体型极小的箭毒蛙，体长约 2cm，背部底色为有金属光泽的黄色、橙色或黄绿色，同时布满黑斑，整体呈网眼状图案，腹部及四肢呈有金属光泽的蓝色或淡蓝色。它的体色会随着光照强度而变化，因此它的种名"valiabilis"在拉丁语中的意思是"多样的"。多斑箭毒蛙是树栖型蛙类，经常能在树上发现它的踪迹。虽然人类对它的野外生活还不甚了解，但现在已

经能在人工饲养环境下进行繁育。近年来，箭毒蛙属（*Dendrobates*）常被拆分为几个不同的属，多斑箭毒蛙细分后属于短指毒蛙属（*Ranitomeya*），该属的蛙类体型都十分小巧，擅长树栖生活。

饲养多斑箭毒蛙时，要给它制造进行攀爬活动的空间，例如可以在缸内布置观叶植物，或在缸壁上粘贴纤维板等。

红艳箭毒蛙 | *Dendrobates sylvaticus*

主要分布地（国家或地区）：哥伦比亚、厄瓜多尔

体　长：2.5cm~8cm

　　红艳箭毒蛙常与草莓箭毒蛙一同被归为食卵毒蛙属（*Oophaga*），是一种中等体型的蛙类。其体色鲜艳，为鲜艳的朱红色或橙色；四肢尖端呈灰白色，背部偶有暗色网纹。红艳箭毒蛙栖息在热带雨林中，它有多种体色类型，有背部黑底红斑的，身体橙红、四肢发黄的，有紫底蓝斑的，还有红蓝斑纹相间的。体色类型多与分布地区有关。

金条箭毒蛙 | *Dendrobates lamasi*

主要分布地（国家或地区）：秘鲁
体　长：2cm 左右

金条箭毒蛙体型极小，体色为黑底黄纹。它的背部有 3 条纵向的鲜黄色条纹，这 3 条条纹延伸到头部汇聚，吻端还有一小块黑斑；眼窝后方各有一块黑斑，这块黑斑时而独立出现，时而与身体上的黑斑相连；四肢呈有

金属光泽的蓝色，夹杂有大块黑斑。人们觉得它的样子很像小丑，于是在日语里又叫它"小丑蛙"，有时也直接叫它的音译名"拉玛西箭毒蛙"。它栖息在潮湿的热带雨林中，虽然是地栖蛙类，但也经常上树。

金条箭毒蛙十分好动，饲养时要选用宽敞的缸，并在缸内多放一些岩石和树枝以供其攀爬。

网纹箭毒蛙 | *Dendrobates imitator*

主要分布地（国家或地区）：秘鲁
体　长：1.8cm~2cm

网纹箭毒蛙是一种小型箭毒蛙，体色类型丰富多彩。其最常见的体色类型与多斑箭毒蛙类似，上半身呈橙色或黄色网纹，下半身呈绿色或蓝绿色网纹。此外还有的个体背部呈黑色，夹杂有带金属光泽的橙色或黄色

条纹，与横纹箭毒蛙十分相似。还有一些个体的外观与奇异箭毒蛙十分相似，且分布地区也与它大致重叠。正是因为它与多种蛙类都极为相似，所以才被叫作"拟态箭毒蛙"。有时人们会把它们的各种体色类型细分为不同的亚种。网纹箭毒蛙栖息在低海拔原始森林中的溪流边，属于树栖型蛙类，如果把箭毒蛙属进一步细分，它会被归入短指毒蛙属（*Ranitomeya*）。

宽带皇冠箭毒蛙 | *Dendrobates summersi*

主要分布地（国家或地区）：秘鲁中部

体　长：1.8cm~2cm

　　宽带皇冠箭毒蛙体色以黑色为主，身体上有橙色线条连接四肢及头部，并绕头部边缘一周，腰部也有一圈相同颜色的线条。宽带皇冠箭毒蛙曾被认为是奇异箭毒蛙的一种，近年来一般会把它单独列为一个种。如果把箭毒蛙属进一步细分，宽带皇冠箭毒蛙应该属于短指毒蛙属（*Ranitomeya*）。不过与短指毒蛙属中的其他蛙类相比，宽带皇冠箭毒蛙的地栖习性更强。这是因为它们多生活在干燥地区，那里的地面比树梢更为湿润，所以它们不得不选择在地表生活。

161

皇冠箭毒蛙 | *Ranitomeya fantasticus*

主要分布地（国家或地区）：秘鲁

体　长：1.6cm~2.5cm

　　皇冠箭毒蛙身体底色为黑色，颈部以上为橙色，与身体区分十分明显；头顶上有黑色斑点，身体后半部及后肢为淡蓝色与淡橙色相间，呈不规则图案状。除此之外还有几种不同的体色类型，一些种群身体及四肢有不规则白色斑纹，且头顶有冠状红斑；另一些种群四肢上有网眼状斑纹，头部与躯干分界处有白色线条；还有一类个体体色与部分拟态箭毒蛙十分相似。皇冠箭毒蛙的树栖习性较强，在一些分类方法里常被归为短指毒蛙属（*Ranitomeya*）。

亚马孙箭毒蛙 | *Dendrobates ventrimaculatus*

162

世界两栖动物图鉴

主要分布地（国家或地区）：南美洲北部

体　　长：1.8cm~2cm

　　亚马孙箭毒蛙是一种小型箭毒蛙，包含多个品种，这些品种近年来经常被认定为独立物种。由于分布在不同地区的个体体色大相径庭，亚马孙箭毒蛙家族的构成更显混乱。大多数个体背部为黑色，背上有 3~5 条明黄色或橙色的条纹，有时正中间的条纹会与旁边的条纹相接，有时体侧的条纹延伸到下半身之后会出现 Y 字形分叉。其四肢呈有金属光泽的淡蓝色或蓝绿色，夹杂有许多黑色斑点；腹部呈黑色，覆有一层蓝色网纹，但也有一些种群的腹部以黄色为主。

　　亚马孙箭毒蛙生活在原始森林及次生林中，常在山间小屋附近出现。饲养时需要给它创造立体的活动空间，例如在缸内栽植多叶植物等。

星点箭毒蛙 | *Dendrobates vanzolinii*

主要分布地（国家或地区）：巴西、秘鲁

体　长：1.6cm~1.9cm

　　星点箭毒蛙体型非常小，身体呈黑色，背部有黄色圆斑。在许多情况下这些黄斑都是相互连接的，从而形成不规则的形状。其四肢亦呈黑色，有鲜艳的蓝色网纹。

　　我们时常能在森林地面上见到星点箭毒蛙的幼蛙，但成年星点箭毒蛙却完全在树上活动，活动处一般距离地面 2m~6m，常年居住在凤梨科植物的叶腋或树洞里。

乌卡里箭毒蛙 | *Dendrobates uakarii*

主要分布地（国家或地区）：秘鲁、巴西西部
体　　长：1.5cm~1.6cm

　　乌卡里箭毒蛙体型极小，曾被认为是亚马孙箭毒蛙的一个品种，现已被认定为独立物种。其体色为黑色，在背部正中间及肋

腹部共有 5 条浅色线条，背部中间的一条及体侧的两条线条呈深橘红色，且越靠近头部越接近红色，体侧的两条线条向头部延伸并交于吻端。另有两条线条从嘴角开始延伸到两肋，呈黄色（亚马孙箭毒蛙的两肋是不会出现黄色线条的）。其四肢呈淡蓝色，有金属光泽并夹杂有黑色斑点。它生活在热带雨林的地面上，这在以树栖为主的短指毒蛙属（*Ranitomeya*）蛙类中比较少见。

红背箭毒蛙 | *Ranitomeya reticulatus*

主要分布地（国家或地区）：厄瓜多尔、秘鲁
体　　长：1.5cm~2cm

　　红背箭毒蛙是体型较小的几种箭毒蛙之一，体长最长也不超过 2cm，且雌性体型大于雄性。其体色非常醒目，背面从头部到腰部都是红色，偶有黑色斑点；其他部分与四肢都是带金属光泽的蓝绿色或淡蓝色，夹杂

有许多黑色斑点，整体呈网眼状。它栖息在低海拔的原始森林及次生林中，喜欢湿度高的环境。虽然有时也在地面活动，但总体来说它倾向于树栖生活，常见于树上的凤梨科植物的叶腋中。繁殖期时，雄性会在自己的地盘里与雌性交配，雌性完成交配后在叶腋的积水里产卵。

　　红背箭毒蛙的野外栖息地气温非常高，森林地表温度有时甚至可达 30℃，因此饲养红背箭毒蛙时要十分注意冬季保温。

泼彩箭毒蛙 | *Dendrobates galactonotus*

主要分布地（国家或地区）：巴西

体　　长：3cm~4cm

　　泼彩箭毒蛙体型较大，身体底色为黑色，背部颜色有亮黄色、红色、橙色和绿色等。一些个体全身都同背部的颜色一样，如有一些个体通体纯黑，不过可以肯定的是大部分个体的腹部都呈黑色。泼彩箭毒蛙栖息在低海拔的热带雨林中，集中在巴西的部分地区，种群密度较高。不过，由于水电站开发等原因，它的栖息地正在不断缩小，数量也随之减少。它主要以蚂蚁为食，同时捕食小型甲虫、白蚁、蜱虫等昆虫。在蝌蚪孵化出来后，雄性泼彩箭毒蛙会按照蝌蚪的成长阶段把它们不断转移到更合适的水域中去。

神秘箭毒蛙 | *Dendrobates mysteriosus*

主要分布地（国家或地区）：秘鲁
体　长：2.2cm~2.8cm

　　神秘箭毒蛙的体色十分独特，在黑色底色上布满了白绿色斑点。这种体色仅见于神秘箭毒蛙一例，使其十分易于识别。它们栖息在地表植被茂密的森林中，常居住在凤梨科植物丛生的断崖上，且分布地区十分有限，森林破坏和火灾更使其栖息地骤减。它们的栖息地昼夜温差非常大，昼间气温最高可达35℃，而夜间气温最低只有16℃。正是茂密的凤梨科植物叶片为它们提供了躲避极端温差的庇护所。虽然断崖地形不易积存降水，但植物叶腋中的积水已足够它们生存。

　　饲养神秘箭毒蛙时需要给它创造利于攀爬活动的环境，可以在缸壁上挂一片纤维板，以供它上下攀爬。

红画眉箭毒蛙 | *Phyllobates vittatus*

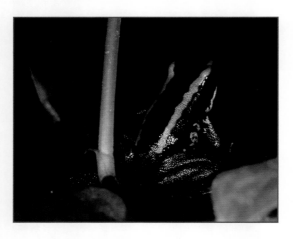

主要分布地（国家或地区）：哥斯达黎加
体　长：2.5cm~3cm

　　叶毒蛙属是箭毒蛙科下的一个属，叶毒蛙属蛙类的指尖吸盘均不发达，又被称为"短指箭毒蛙"。全体叶毒蛙蛙类的皮肤都能分泌有毒液体，而且其毒性比箭毒蛙蛙类的皮肤毒液还要强。当地人经常把叶毒蛙的皮肤毒液涂抹在箭头上制作毒箭，用箭毒蛙皮肤毒液的反倒不多。红画眉箭毒蛙在叶毒蛙属蛙类中体型偏小，背部及身体侧面呈黑色，从吻端开始有两条橙色条纹沿背部边缘延伸，直达大腿根部；四肢呈有金属光泽的蓝绿色，夹杂有黑色虫洞状斑点。它们栖息在低海拔森林中，主要在溪流附近的地面上活动，常见于岩石缝隙及树洞中。它们的领地意识很强，常与入侵者发生打斗。叶毒蛙蛙类的捕食方法很独特，它们不像箭毒蛙蛙类那样弹出舌头粘住猎物，而是张开大嘴扑向猎物。因此饲养叶毒蛙蛙类时，可以喂食较大块的食物。

黑腿箭毒蛙 | *Phyllobates bicolor*

主要分布地（国家或地区）：哥伦比亚西部
体　长：3.8cm~4.2cm

　　双色叶毒蛙又称"黄褐叶毒蛙"，毒性极强，在所有蛙类中仅次于金色箭毒蛙和金带叶毒蛙（*P. aurotaenia*），位列第三。其外观与黄金叶毒蛙十分相似，但体型更小，下颌与后肢偏黑，体色有黄色、橙色、白绿色等类型。它的性格与金色箭毒蛙也比较相似，不太好动，易于饲养。黑腿箭毒蛙能吃体型较大的昆虫，成年黑腿箭毒蛙一般可以吃下三龄蟋蟀。

画眉箭毒蛙 | *Phyllobates lugubris*

主要分布地（国家或地区）：哥斯达黎加、
　　　　　　　　　　　　　巴拿马
体　长：2.1cm~2.4cm

　　画眉箭毒蛙是叶毒蛙属里体型最小的蛙类，身体短粗，除腹部外的全身皮肤都有些粗糙。其体色以黑色为主，身体侧面有黄色、橙色或金褐色的条纹；四肢为浅褐色、黄色、黄绿色与黑色混合分布，整体呈大理石状纹理。虽然它的体色类型看起来颇似带纹叶毒蛙，但画眉箭毒蛙身上的条纹要更粗一些。

　　雄性画眉箭毒蛙的鸣叫声十分清脆响亮，有人饲养画眉箭毒蛙就是专门为了欣赏它的鸣叫声。

金色箭毒蛙 | *Phyllobates terribilis*

主要分布地（国家或地区）：哥伦比亚

体　　长：5cm~6cm

金色箭毒蛙是叶毒蛙属中体型最大的蛙类，其皮肤毒性极强，通常被认为是世界上生物毒性最高的物种。一只黄金叶毒蛙体内含有大约 19mg 毒液，可致数名成年人死亡。它学名中的"*terribilis*"一词即为"可怕的"之意。不过这种毒性只有在野生环境下才可能产生，因为它们体内的毒素来源于其捕食的蚂蚁。人工饲养的金色箭毒蛙远没有那么可怕，触摸它们时只要戴好手套就不会有危险。而且一般能见到的基本都是人工繁殖的个体，所以不必过度担心它们的毒性。它们的体格十分结实，体色有多种类型，有的呈纯橙色，有的呈带金属光泽的黄色，有的呈白绿色。野生状态下它们生活在潮湿的森林中，一般只在原生林中活动。

金色箭毒蛙对自己的体型和毒性十分自信，所以行动缓慢，饲养环境下也完全不怕人，十分适合养在全透明的缸里。

薄荷绿（幼体）

薄荷绿

三色箭毒蛙 | *Epipedobates tricolor*

主要分布地（国家或地区）：厄瓜多尔
体　长：1.6cm~2.7cm

　　三色箭毒蛙曾经分为两个品种（低地品种与高地品种），二者以体色类型区分，现在低地品种已被认定为一个独立的物种，即

安氏地毒蛙（*E. anthonyi*）。三色箭毒蛙的体色以深褐色为主，从头顶到尾部有一条逐渐变细的黄白色或淡绿色条纹，这条条纹一般不连续；背部边缘还有 2 条相同颜色的条纹，这 3 条条纹在头顶汇聚在一处。它们栖息在高海拔地区湿润的森林中，繁殖时雄性负责照料雌性产下的卵。它们会主动吃掉发霉的卵，以防霉菌扩散到健康的卵上。

三线箭毒蛙 | *Ameerega trivittata*

主要分布地（国家或地区）：南美洲北部及
西北部
体　长：3cm~4.5cm

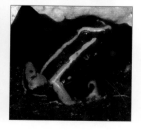

　　三线箭毒蛙原本被归为地毒蛙属（*Epipedobates*），近年来常被划入其他属中。它是箭毒蛙属内体型较大的蛙类，成年雌性体长可达 5cm。其身体以黑色为基色，背部有 2~3 条粗细不等的条纹，背部中线上的那条条纹最宽，几乎覆盖了背部的大部分面积。这些条纹色彩因个体而异，有的呈浅绿色，带有金属光泽，有的呈橘红色，有的呈黄色，而且条纹的数量也存在地区差异。同样的条纹也会出现在身体侧面，十分清晰。它们是陆栖物种，常在森林地表活动，主要栖息在原始森林及次生林中，有时在农田附近树木稀疏的地方也能见到它们的身影。

巴氏箭毒蛙 | *Ameerega bassleri*

主要分布地（国家或地区）：秘鲁

体　长：3.5cm~4.5cm

　　巴氏箭毒蛙与三线箭毒蛙一样，曾经也被归入地毒蛙属（Epipedobates），最近才被划入其他属。其体色多样，地区分异极多。常见的个体头部至背部呈黄色或蓝绿色，身体侧面呈黑色；后肢呈淡蓝色，有金属光泽，夹杂有细小的黑斑；腹部呈蓝色。此外，有的个体头部附近呈红铜色，有的个体除体侧外通体黄色，且有金属光泽，还有的个体与三线箭毒蛙外观相似，黑底绿边，背部有绿色斑点。无论上述哪类品种，在亚成体阶段体色都是纯黑的，它们的身体会随着年龄的增长而逐渐增添不同的色彩。巴氏箭毒蛙分布在海拔较低的地区，主要在山林及溪流附近活动，一般见于原始森林中。

蓝色个体

171

天蓝微蹼毒蛙 | *Hyloxalus azureiventris*

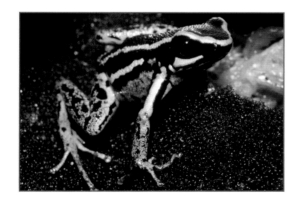

主要分布地（国家或地区）：秘鲁

体　长：2.7cm 左右

　　天蓝微蹼毒蛙雌雄间体型差异不明显，雌性体型比雄性略大且更丰满。其体色为黑色，从吻端到背部两侧有条纹通过，从上唇到肋部、前肢腕部也都有条纹连接，条纹颜色为黄色、黄绿色、橙色、红色或者以上颜色的混合色，存在个体差异。其背部的条纹与体侧的条纹颜色有时并不相同。它们身上的条纹会在发育成年的过程中逐渐中断，下半身的条纹会消失不见。大多数个体背部中心位置通常有黄色或橙色的模糊斑点，极少数个体背上有蓝绿色的斑点。所有个体的腹部都呈蓝色，夹杂有黑斑，四肢的颜色也较为固定，不是蓝色就是绿色，或者为蓝绿间的过渡色。天蓝微蹼毒蛙地栖习性较强，常在森林地表的岩石下挖洞居住，因此我们很难在野外发现它。

　　它十分胆小，饲养时一定要给它多设置几处躲避洞。

钟角蛙 | *Ceratophrys ornata*

主要分布地（国家或地区）：巴拉圭、乌拉圭、巴西南部、阿根廷

体　长：10cm~12.5cm

世界两栖动物图鉴

　　角蛙属蛙类是南美洲数量最多的角花蟾科蛙类，其属名来源于其眼睛上方的角状突起，四肢短小、嘴大是它们的共同特征。钟角蛙在角蛙属蛙类中尤其壮硕，吻端较圆。其体色为绿色或绿褐色，背部夹杂有深褐色及深绿色斑纹，斑纹之间有时还会出现红色。钟角蛙栖息在温暖干燥的潘帕斯草原（温带草原）地区，捕食时趴在地面，伏击经过的猎物。它的食量很大，除了捕食昆虫及节肢动物外，还会捕食小型爬行动物及其他蛙类。

　　饲养状态下的钟角蛙基本什么都吃，繁殖欲也十分旺盛。

绿角蛙 | *Ceratophrys cranwelli*

角花蟾科

主要分布地（国家或地区）：巴拉圭、玻利维亚、阿根廷、巴西

体　长：7.5cm~12cm

　　绿角蛙外形与钟角蛙类似，曾被认为是同一个物种，但它身上的角状突起比钟角蛙更长，吻端也更尖长。野生绿角蛙体色为浅褐色或灰褐色，夹杂有茶色斑点。绿角蛙身上的斑纹左右对称分布，且比钟角蛙的斑纹更大、更稀疏。许多个体的背部中线与边缘处有浅色条纹。与分布在温暖干燥的潘帕斯草原上的钟角蛙不同，绿角蛙生活在雨旱季分明的查科地区（干旱平原），旱季会在自己做的茧里休眠。

　　绿角蛙的饲养方法可以参照钟角蛙，但饲养野生绿角蛙时要特别注意把底土铺得厚一些。

人工繁育角蛙 | *Ceratophrys spp.*

杂交个体

白化个体

世界两栖动物图鉴

主要分布地（国家或地区）：人工饲养

体　长：—

　　在日本，角蛙属蛙类十分受蛙类爱好者欢迎，所以经常被人工繁育。它们在人工繁育的条件下产生了许多体色变异品种及杂交品种。杂交品种一般由饲养下的钟角蛙和绿角蛙杂交而来，身上流着两种亲本的血液，叫它们钟角蛙或绿角蛙其实都可以。

　　此外还有绿角蛙与苏里南角蛙的杂交品种，叫作"梦幻角蛙"。这种杂交角蛙兼具绿角蛙旺盛的生命力与苏里南角蛙美丽的外观，适合饲养观赏。

　　巴西角蛙（*C. Aurita*）与绿角蛙有杂交品种，体色变异个体大多是以绿角蛙为亲本繁育得来的，其中最具代表性的是白化个体。其体色有黄绿色的"柠檬绿"；有偏红色的"柑橘"和"杏黄"，目前已经稳定产出；还有偏绿色的"薄荷绿"，但产出尚未稳定，时有意外变异。此外，还有通过选择性繁育得来的体色为"朱红"的角蛙也广为人知。

白化柠檬绿

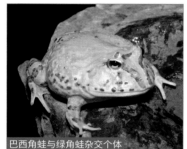

巴西角蛙与绿角蛙杂交个体

纯绿梦幻

白化杏黄

白化柠檬绿

梦幻

薄荷绿

苏里南角蛙 | *Ceratophrys cornuta*

世界两栖动物图鉴

主要分布地（国家或地区）：南美洲北部

体　　长：6.5cm~12cm

　　苏里南角蛙分布在南美洲北部，是一种中型角蛙。它的头部非常大，嘴的宽度是体长的 1.6 倍。其四肢短小，腰部骨骼突出可见；体表布满了细小的刺状突起，眼睛上方的角状突起细长；体色一般为古铜色或浅褐色，也有一些暗绿色或黄绿色的个体。雌性体色以褐色为主，绿色极少。还有些个体只有背部有一块绿色，其他部分皆呈褐色。它的背部有左右对称的暗斑，喉部不分雌雄均呈黑色。

　　苏里南角蛙栖息在降水丰沛的森林中，捕食时会把身体藏进表土之下伏击猎物，因此喜欢在落叶丰富的松软土壤中活动。成年苏里南角蛙是夜行性动物，但在幼年及亚成体时期它的活动时间不分昼夜。

　　苏里南角蛙与其他蛙类相比更为敏感，饲养时要给它准备厚实松软的底土以供它藏身。野生苏里南角蛙一般吃蟋蟀之类的昆虫，也可以喂食金鱼或其他蛙类用饵料。

草原角蛙 | *Ceratophrys joazeirensis*

主要分布地（国家或地区）：巴西东北部

体　长：7cm~10cm

　　草原角蛙别名"卡廷加角蛙"，这个名字来源于巴西东北部一片叫作卡廷加的旱地林，那里是草原角蛙的栖息地。卡廷加是全世界最大的旱地林区，终年高温干燥，却生活着许多特有物种。卡廷加地区的土壤以风化的花岗岩土及盐土（富含溶解性盐类的碱化白土）为主，十分贫瘠，一眼望去尽是白花花的盐碱地——其实"卡廷加"也就是"白色森林"的意思。草原角蛙生活在如此干旱的林草混交地带，以至于它一年中的大部分时间都是在休眠状态中度过的，只有夏季少量的降雨之后才会出现在地面，进行交配、繁殖活动。

　　饲养草原角蛙可以使用赤玉土等干燥土壤作为底土。

秘鲁角蛙 | *Ceratophrys stolzmanni*

主要分布地（国家或地区）：厄瓜多尔、秘鲁

体　长：8cm 左右

　　与其他角蛙相比，秘鲁角蛙眼睛上方的角状突起较短，不太明显。其体型短粗，体表布满疣状突起，触感略粗糙；头部较小，嘴窄而前凸。它的脸颊部分的骨骼凹陷，因此在日语中被称为"凹颊角蛙"。其身体以黄绿色为底色，多夹杂有暗褐色斑纹，也有一些个体底色为褐色。秘鲁角蛙生活在疏松的砂质土壤中，多见于热带灌木林、稀树林及时令河附近。它的穴栖习性明显，除繁殖期以外的时间基本都在自己挖掘的洞穴中度过，一般在暴雨过后爬出地表开始交配繁殖。

　　饲养状态下的秘鲁角蛙也喜欢藏在土层中，因此土要铺得厚一些。它进食不是很积极，很多时候对主人喂给它的食物不理不睬。这种情况一般都是暂时性的，过几天再喂它就会吃了，而且最好喂小块的食物。

皮氏蛳蟾 | *Chacophrys pierroti*

主要分布地（国家或地区）：阿根廷、玻利维亚
体　长：4.5cm~5.5cm

皮氏蛳蟾外观与角蛙近似，但眼睛上方并没有角状突起，体表也十分光滑。它的四肢短小，体型短粗，吻端较圆。其体色为黄绿色、绿色或褐色，背部及眼周有暗斑，背部偶有红褐色斑纹出现。它们主要分布在南美洲中部广阔而干旱的半沙漠平原（查科平

原），过着穴居生活。它们一般会在灌木附近挖掘洞穴藏身，通常很难在地面见到它们。只有在降雨过后它们才会聚集到水洼边交配繁殖，其他时候几乎不露面。

皮氏蛳蟾有同类相食的习性，所以最好不要把它们养在一起。它的生活习性与秘鲁角蛙比较近似，在饲养状态下都非常喜欢穴居生活。不过其胃口通常比较好，这一点与秘鲁角蛙不同，但偶尔也有不喜欢吃东西的时候。

拉氏齿泽蟾 | *Odontophrynus lavillai*

主要分布地（国家或地区）：阿根廷、玻利维亚
体　长：5cm~7cm

大小比较均一，没有形成瘤状。拉氏齿泽蟾体色为浅褐色或褐色，背部有深茶色的斑纹，且呈左右对称分布。它们栖息在从安第斯山峡谷到查科平原这一广阔地域内，过着穴居生活。繁殖时它们会到各种水域附近活动，甚至包括路边的水沟。

齿泽蟾属蛙类的外观与角蛙近似，但没有眼睑上的突起。体表密集的粒状突起又将它们与蛳蟾蛙类区别开来。一些齿泽蟾蛙类身上有大块瘤状突起，例如美洲齿泽蟾（O.americanus）身上的突起形成了条带状的隆起。但拉氏齿泽蟾身上的颗粒突起的

饲养状态下的拉氏齿泽蟾习性与皮氏蛳蟾及秘鲁角蛙相近，虽然有时不爱吃东西，但总体来说还是比较好养活的。饲养时最好使用干燥的底土，且铺得厚实一些。

圆眼珍珠蛙 | *Lepidobatrachus laevis*

主要分布地（国家或地区）：阿根廷、玻利维亚、巴拉圭

体　长：11cm～12cm

　　圆眼珍珠蛙体型扁平，略显圆滑，头部十分巨大，能占到体长的1/3。上颚长着两颗牙，下颌也有牙状突起。它的眼睛长在背上，视线向上；瞳孔呈圆形，与同属蛙类小丑蛙（L.llanensis）的垂直瞳孔颇为不同。它的体表光滑，体色为灰褐色或灰色，部分个体背部带有深绿色。圆眼珍珠蛙栖息在半干旱的大查科平原，夏末水洼干涸之际，它们就会用泥浆制作一个壳，冬季就躲在这个壳里冬眠。当春季来临，雨水再次润湿大地时，它们就重新开始活动。它们平时在泥水中活动，食欲十分旺盛，捕食包括蛙类在内的多种脊椎动物及无脊椎动物。圆眼珍珠蛙的蝌蚪也是肉食性的。与其他蛙类的蝌蚪不同的是，它们在幼年就拥有了与父母一般无二的口器。

　　由于小丑蛙也发生过同类相食的现象，所以必须单独饲养。

宽头细趾蟾 | *Leptodactylus laticeps*

主要分布地（国家或地区）：阿根廷、巴西、巴拉圭
体　长：7cm~12cm

宽头细趾蟾是一种大型角花蟾科蛙类，其体色在属内蛙类中十分惹眼。其底色一般为橄榄色或奶白色，全身布满了带黑边的红斑或褐斑，四肢也有相同颜色的横纹。其头部宽大，因而得名"宽头细指蟾"。雄性进入繁殖期后胸部会长出黑色刺状突起。宽头

细趾蟾栖息在干旱的大查科平原上，在地表活动。它是夜行性动物，白天一般躲在啮齿类动物挖掘的洞穴中休息，遇到袭击时会张开四肢、低下头摆出防御姿态。

宽头细趾蟾胃口非常大，时常捕食其他蛙类，因此千万不要把它和其他蛙类养在一起。它的皮肤分泌液有毒性，人类皮肤接触后会产生刺痛感，严重的甚至能引起过敏，因此照料它时一定要戴手套。

盖氏智利蟾 | *Calyptocephallela gayi*

主要分布地（国家或地区）：智利
体　长：8.5cm~15cm

盖氏智利蟾的头部皮肤紧贴在头骨上，形似头盔。它们的后肢蹼十分发达，水栖习性较强。其体色为深绿色或绿褐色，背部夹杂有红褐色或黄褐色虫洞状斑点，虹膜呈金色。盖氏智利蟾体形硕大，体长最长可达

23cm，在原产地，人们常把它捉来食用。它的蝌蚪体型也非常大，人们甚至曾经将其当作是一种蜥蜴。它栖息在森林中面积大、水深较深的河湖或池塘里，平时潜伏在水底的淤泥里伏击猎物。

饲养盖氏智利蟾时，要保持较低的水温。它很喜欢吃东西，对一切运动的物体都有反应。但因为生活在冷水环境下，所以它消化食物比较耗时，因此不要喂食块头过大的食物。

五趾细趾蟾 | *Leptodactylus pentadactylus*

主要分布地（国家或地区）：南美洲西北部及北部

体　长：12cm~18cm

　　细趾蟾蛙类广泛分布在中美洲至南美洲，细趾蟾属在角花蟾科内部也算是一个构成比较复杂的属。细趾蟾蛙类体态十分多样，有的形似蛙科蛙类，有的则拥有蟾蜍科蛙类那样短小的四肢。

　　五趾细趾蟾是细趾蟾属内的大型蛙类，体型壮硕。其体色为浅棕色、橄榄色、棕色或褐色等，身体侧面多夹杂有红色；有一条黑色条纹从吻端开始，通过眼睛直达鼓膜；背部有多条深色横纹；唇边有黑色

三角形斑纹。

　　五趾细趾蟾栖息在原始森林中，一般在地表活动。雄性进入繁殖期后前肢会变得非常粗大，且在胸部会出现一对黑色角质突起。在原产地，人们叫它"山鸡"，常捉它来食用。

　　五趾细趾蟾胃口很好，非常容易饲养。由于它体形硕大、力量发达，所以饲养时一定要选用结实的缸盖，否则很可能被它撞开。如果养的是野生个体，还需要给它准备一处圆形躲避洞，以供它休息之用。

在日本，日本蟾蜍恐怕是较常见的两栖动物之一了。从春季一直到秋季，我们经常能在雨后的晚上见到它们在地面上活动。水田、小河和沼泽附近则是蛙科蛙类的天下，粗皮蛙、马来泽陆蛙、日本林蛙、日本棕蛙、达摩蛙、黑斑蛙等不一而足，此外还有外来的牛箱头蛙。以东京郊外的沼泽为例，仅是在同一处地点，你就可以见到日本棕蛙、日本林蛙、红腹蝾螈、东京小鲵、舒氏树蛙及衣笠树蛙在不同时间来到这里繁殖的场景。如果你能观察一遍各种两栖动物错峰繁育的全过程，那真是再有趣不过了。而且，观察它们的野外生活状态也十分有助于增加你的饲养知识。

如果你住在本州岛，早春到初夏是最佳的野外观察时段。那时，各种两栖动物纷纷进入繁殖期，许多平时难以目睹的珍稀动物（如小鲵）也会出现在你眼前。在西南群岛，这个时间段则会提前一些。各个物种的繁殖期往往不同，想要观察到你想看的物种，最好提前查阅资料，摸清它们的繁殖期。相关书籍可以参考《日本爬行·两栖动物饲养图鉴》（大谷勉著），这本书里列出了每个物种的栖息地及具体的出现时间。但是，在两栖动物出现之际，一些以它们为食的其他动物也会尾随而至。例如腹链蛇、虎斑颈槽蛇、日本蝮等有毒蛇类很可能潜藏在附近伺机而动，观察时一定要注意自身安全。

水田周边是观察蛙类的好地方

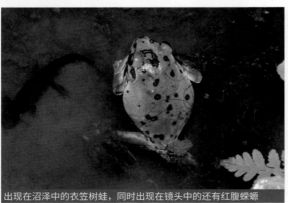

出现在沼泽中的衣笠树蛙，同时出现在镜头中的还有红腹蝾螈

夜间的电话亭灯光招来了大量昆虫，日本林蛙也紧随其后

很多人在野外观察和摄影时，都希望能拍下照片以留作记录。但两栖动物与蜥蜴和蛇类不同，它们常在水中活动，拍摄时很容易受到水面反光的干扰而难以对焦。此外，它们对人类的身影和手电筒的灯光十分敏感，一旦接近就会马上逃离。如果在白天遇到观察对象，一定要轻手轻脚地走过去，拍照时要保持一定距离，以免惊扰到它。如果是夜间出行，在手电筒的灯光里发现目标之后一定不要马上移开灯光。用车灯照到目标之后也一样不要转向，下车时切忌大声关门。目标在水中时，由于水波的干扰，拍出来的目标很可能是模糊的。因此最好静待水面平静之后再按下快门，在此期间目标很可能逃走，如果找到机会就一定要多拍几张。还有一个小技巧就是，蛙类在行动之前一般会抬起头观察周围环境，然后决定逃跑路径。此时你可以用手挡在它的前方，这样它的视线被遮挡，就会在短时间内保持不动。

仔细观察野生个体的体型及周边环境，会增加你的饲养知识

日本蟾蜍在城区也很常见，有时甚至会出现在东京市中心的停车场里

如果你足够幸运，还能见到珍稀动物大鲵

有尾

大鳗螈 | *Siren lacertina*

> 主要分布地（国家或地区）：美国东南部
>
> 全　　长：50cm~90cm

　　鳗螈科物种是有明显四肢的有尾目动物，而大鳗螈的后肢已经退化，只剩前肢。其分布区域仅限于北美洲，过着完全的水栖生活，有鳃孔与外鳃。大鳗螈在鳗螈科内属于大型物种，甚至在全体两栖动物中都算是体型较大的物种了。其体型细长，呈圆筒状，类似鳗鱼；体色为灰色或橄榄色，身体侧面呈浅色，夹杂有许多黄色或黄绿色斑点；尾部有鳍，尖端圆滑。大鳗螈一般生活在水草丰茂且水流平缓的淤泥底水域，主要在夜间活动，白天藏在岩石下或淤泥中作茧休息。它捕食螺蛳、鱼类、水栖昆虫，偶尔也吃水草。

　　大鳗螈十分长寿，在饲养环境下可以活到 25 岁。由于它是完全的水栖动物，所以可以用鱼缸来饲养，并布置一个管状物作为它的栖身所。

小鳗螈 | *Siren intermedia*

主要分布地（国家或地区）：美国南部至东南部

全　　长：18cm~68cm

为黑色或褐色，夹杂有少量黑斑；西部小鳗螈（*S. i. nettingi*）体色为褐色、橄榄色或灰色，全身布满细小黑斑；体型最大的里奥格兰德小鳗螈（*S. i. texana*）有两种体色，呈暗灰色的体表没有色斑，呈浅灰色或茶色的体表夹杂有暗色斑纹。小鳗螈栖息在沼泽及水生植物茂盛的池塘中，喜好温暖且水流和缓的环境。受到威胁时，它们会发出类似敲击的声音威吓敌人。

小鳗螈虽然体型总体上小于大鳗螈，但它的亚种个体差异极大，其中的一些个体体型也相当大。小鳗螈的尾部扁而尖，这是与大鳗螈主要的外形区别，但幼年期的小鳗螈这一特征发育还不明显。小鳗螈有 3 个亚种，小鳗螈模式亚种（*S. i. intermedia*）体色

拟鳗螈 | *Pseudobranchus striatus*

主要分布地（国家或地区）：美国东南部

全　　长：10cm~25cm

各产一枚卵。它们习惯隐居生活，经常藏身在水生植物的根部或水底堆积物中。旱季水池干涸后，它们会钻进淤泥进入休眠状态。被捉住时它们会边反抗边发出"咔咔"的声音。

　　饲养拟鳗螈需要准备线蚯蚓、红虫等细小的昆虫作为饲料，人工饲料可以选用小粒沉水性饲料。

拟鳗螈又被称为"沼泽鳗螈"或"矮鳗螈"，是鳗螈科中体型最小的物种。拟鳗螈只有一处鳃孔，与大鳗螈及小鳗螈相比身体更细长，且身体侧面有明显的浅色线条。拟鳗螈原有 5 个亚种，其中的南部拟鳗螈（*P. axanthus*）现在已成为独立种。拟鳗螈栖息在浅水、沼泽及水草（尤其是布袋葵）茂盛的池塘中，产卵时会在每棵水草的根部

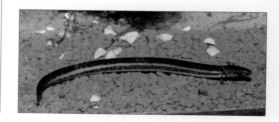

东京小鲵 | *Hynobius tokyoensis*

主要分布地（国家或地区）：日本

全　　长：9cm~13cm

　　小鲵属是小鲵科的主要构成部分，小鲵属物种广泛分布于东亚地区，在日本尤其繁盛，分布有许多个种。东京小鲵栖息在丘陵及低地，一般在森林中活动，居住在倒木或其他动物挖掘的洞穴中。东京小鲵在栖息地十分常见，繁殖期时一般会到水田、输水渠、泉水等处产卵。但也正因为它们的栖息地与人类相隔不远，所以一些种群时常因栖息地破坏而绝迹。

幼体

黑小鲵 | *Hynobius nigrescens*

主要分布地（国家或地区）：日本
全　　长：13cm~18cm

　　黑小鲵比东京小鲵体型更大，体格也更壮实。其四肢较修长，尾部长而扁平；体色以黑色为主，但也有不少绿褐色及黄褐色的个体。它们栖息在山区森林中，白天潜伏在岩石、倒木或落叶下，夜间外出觅食，一般捕食蚯蚓等行动迟缓的昆虫。产卵时它们会来到池塘或沼泽等静水环境中，产下白色的卵泡（装有受精卵的果冻状卵囊）。幼体身体左右两侧各有一个叫作"平衡器"的器官。

　　小鲵科物种偏爱低温环境，夏季时必须注意降温。可以把它养在塑料盒里放进冰箱冷藏，也可以把养殖缸浸在水槽里，再用观赏鱼用制冷器给水槽降温。

费氏小鲵 | *Hynobius lichenatus*

主要分布地（国家或地区）：日本
全　　长：10cm~14cm

　　费氏小鲵外形与黑小鲵相似，但尾部较短，不到全长的1/3。其尾部尖端没有扁平现象（黑小鲵尾部尖端纵向扁平，形似钝枪头），四肢短小，体型短粗，全长也比黑小鲵更短。个体间体色差异极大，但多数个体体表分布有蓝白色地衣状斑点，且进入繁殖期后体色会愈发明亮。它们栖息在丘陵或高山地区，喜好在静水环境中产卵，有时也会在泉水处产卵，卵泡呈无色透明的绳结状。

　　饲养费氏小鲵时要注意，它们比东京小鲵及黑小鲵更加怕热。喂养它比较容易，可以喂它泡胀的配合饲料，不过需要把饲料在它眼前晃一晃它才会吃。

巫山巴鲵 | *Liua shihi*

主要分布地（国家或地区）：中国

全　　长：11cm~20cm

　　巫山巴鲵是分布在中国的水栖小鲵科物种，该属内只有一个种。巫山巴鲵皮肤光滑，肋部有 11 条条纹。其体色为深橄榄色、绿褐色或灰褐色等，夹杂有浅色斑点。它们生活在高海拔山区，常见于水流和缓、水生植物茂盛的溪流中，基本在水中活动，以水栖昆虫为食，常栖身在水中岩石之下。成年个体偶尔会上岸活动，但次数极少。

　　饲养巫山巴鲵时，环境温度以 18℃为宜，可以参考鳟鱼等淡水鱼的饲养方法。需要注意的是，在低水温的静水环境中，巫山巴鲵很容易长出霉斑并生病。

189

商城肥鲵 | *Pachyhynobius shangchengensis*

主要分布地（国家或地区）：中国

全　　长：17cm~18cm

　　商城肥鲵是一种大型小鲵科物种，属内只有一个种。其躯体肥硕，头部圆而扁平；尾部呈棒状，纵向扁平，十分擅长游泳；体色为深色，生活在溪流中，水栖习性非常强。

　　饲养状态下它们基本不会离开水，完全可以用水缸饲养，不过需要用气泵向水中吹气并制造水流。

美洲大鲵 | *Cryptobranchus alleganiensis*

主要分布地（国家或地区）：美国中东部

全　长：65cm~75cm

　　隐鳃鲵科包含两属三种，其中美洲大鲵属仅含有一个物种，分布在美国中东部。美洲大鲵体型庞大，是美洲最大的有尾目动物之一。它的外形与大鲵属（*Andrios*）物种近似，头部硕大，身躯扁平，体侧有凸起的皮肤褶皱。其体色为灰褐色或橄榄色，密苏里亚种（*C. a. bishopi*）的背部及下颌有许多黑斑。

　　美洲大鲵喜好流水环境，饲养时要注意用气泵制造水流并保持水中含氧量。虽然它能忍受较大的温度差异，但最好将温度保持在 25℃ 以下。在野外，美洲大鲵喜欢藏在扁平的卵石底下，可以在缸底叠放几片鹅卵石。它们终生都在水中度过，捕食螺蛳以及鱼、鳌虾等甲壳类动物。

无论是无尾目、有尾目还是蚓螈目，只要是两栖动物，身体的表皮上就或多或少含有毒性物质。这样说虽然有点如临大敌的感觉，不过实际上我们不需要过度恐惧。首先我们要明白，"有毒"不等于"完全不能触摸"。其次，两栖动物本身并不把毒性物质作为攻击手段，它们没有可以把毒液注入敌人体内的毒牙或毒针，有毒的只是体表分泌物，它们仅想借此免遭掠食者捕食而已。

对于大部分两栖动物来说，所谓毒性不过是含有刺激性物质，人体接触后可能产生刺痛感而已。而且人类的皮肤很厚，许多刺激性物质根本无法透过皮肤进入体内，容易被刺激到的大多是伤口或眼、鼻、口等黏膜部位，所以只要远离黏膜部位就不会有

危险。只有少数毒性较强的物种能够刺激到手掌部位的皮肤，例如巨人猴树蛙、蟾姬蛙、铃蛙以及在日本极为常见的日本雨蛙，见到这些蛙类尽量不要直接用手触摸。此外，树蛙、吉氏番茄蛙、蟾蜍等蛙类在受到刺激时还会从耳腺分泌白色黏液，这种黏液在接触伤口之后渗透性很强。而有尾目中东南泥泞蝾螈的黏液刺激性较强。人体即使接触这些物种，只要做好保护措施也就不会有危险了。

虽然我们不必过度恐惧两栖动物的毒性，但接触时还是要做必要的防护措施。例如戴塑料手套，用纸杯扣住它们进行移动等，这些看似简单的方法能有效保护我们的皮肤。用手直接接触它们之前必须检查手上是否有伤

口，接触之后的手不要再碰其他东西，尤其是黏膜部位。及时洗手非常重要，即使接触的不是两栖动物，从卫生的角度出发也应该及时洗手。

除皮肤毒性之外，一部分蝾螈体内也含有毒素，这种毒素的性质与河豚的毒素相似，会对捕食者造成伤害。

我们讲了那么多两栖动物的皮肤毒性，但实际上，与人类零距离接触对两栖动物自身的伤害要更大。两栖动物的体温都很低，与人类之间的体温差在10℃~20℃，且由于其皮肤都为黏膜质，亲密接触造成的突然升温甚至能导致其死亡。因此，对于两栖动物，人们一定要记住：观赏即可，禁止把玩。

分泌白色黏液的树蛙

斑泥螈 | *Necturus maculosus*

主要分布地（国家或地区）：美国北部、中部和 东部内陆地区
全　长：20cm~30cm

洞螈科仅由泥螈属（*Necturus*）与洞螈属（*Proteus*）两个属构成，科内所有物种的外鳃都会一直留存到成年（终生保持幼体的形态）。洞螈属原产于欧洲东南部，泥螈属原产于北美洲。斑泥螈是属内分布最广的物种，体型也比属内其他物种大很多，最大的个体全长能达到43cm。其体色为铁锈色或褐色，有大块暗斑。斑泥螈栖息在植物茂盛的淤泥质河床的河湖、溪流中，喜好低温且溶解氧含量高的水体环境。在这种环境中它们的外鳃往往会缩小，相反如果在温度偏高的浑浊水体中，它们的外鳃则会扩大。它们是夜行性动物，白天喜欢藏在隐蔽处休息，主要以螯虾等甲壳类动物及水栖昆虫、小鱼、蚯蚓为食。

斑泥螈比较难养，初期状态良好的个体通常会比较健康。必须注意的是，夏季水温上升容易引发水质恶化，使水体含氧量降低，需要采取相应的措施。

阿拉巴马泥螈 | *Necturus alabamensis*

主要分布地（国家或地区）：美国东南部
全　长：15cm~21cm

阿拉巴马泥螈又被称为"阿拉巴马水狗"，体色为红褐色，夹杂有暗色斑纹；腹部呈纯白色无斑点，这一特征可以使其与腹部有椭圆形斑点的海湾泥螈（*N. beyeri*）区别开来。不过也有一些过渡类型。它们栖息在森林边缘的中到大型溪流中，白天潜伏在阴影处休息，夜间捕食螯虾、螺蛳和小鱼等。

与斑泥螈相比，阿拉巴马泥螈对温度及水体含氧量的要求不是非常高，但饲养时最好也要将水温控制在23℃以下。

三趾两栖鲵 | *Amphiuma tridactylum*

主要分布地（国家或地区）：美国南部
全　　长：45cm~105cm

两栖鲵科动物隶属于蝾螈亚目，外形似鳗鱼，有着细长的圆筒状身躯，四肢细小。两栖鲵科仅由两栖鲵属单独构成，属内含 3 个物种。三趾两栖鲵前肢有 3 根指，这是它

区别于属内其他物种的主要特征。其体色为深褐色或深灰色，腹部呈浅灰色。它栖息在盆地内的沼泽、湖泊及丘陵地区的溪流中，习惯夜间活动，捕食其他两栖动物及水栖蛇类动物。

　　饲养三趾两栖鲵必须注意的是，体型较大的个体脾气非常暴躁，经常用尖锐的牙齿咬人，一定要小心。它的颚咬合力很强，被它咬到会造成很严重的创伤，清扫养殖箱时不要把手放到它面前。

双趾两栖鲵 | *Amphiuma means*

主要分布地（国家或地区）：美国南部
全　　长：50cm~110cm

水栖的生活，不过下暴雨时为了移动到其他水域也会暂时爬上陆地。它是夜行性动物，白天在水底的洞穴中休息。两栖鲵在英文中被称为"Congo Eel"，"Congo"是"沙鳗"之意，因其外观形似沙鳗而得名。

　　饲养双趾两栖鲵可以用水槽，但一定要盖好盖子，否则它很可能会逃出来。

　　双趾两栖鲵是两栖鲵科中体型最大的物种，最大的全长可达 116cm，比美洲大鲵还要长，堪称新大陆上最大的有尾目动物。它的前肢有 2 根指，这是它区别于其他物种的主要特征。它的体色为深褐色或深灰色，腹部呈浅色。它栖息在盆地中的沼泽、湖泊、沼泽湖及丘陵地区的溪流中，过着几乎完全

横带虎斑钝口螈 | *Ambystoma mavortium*

横带虎纹钝口螈基本亚种

主要分布地（国家或地区）：加拿大南部至美国中南部、墨西哥北部

全　长：15cm~30cm

横带虎斑钝口螈是钝口螈科中的代表性物种，包含 5 个亚种，曾经这 5 个亚种全部被认为是虎纹钝口螈（*A. tigirinum*）的亚种。而现在虎纹钝口螈之下已无亚种，所有的亚种都被划入新的独立种——横带虎斑钝口螈之下。

横带虎斑钝口螈基本亚种（*A. m. mavortium*）体色为黄色或奶油色，夹杂有大小、浓淡、长度均不规则的黑色带状斑纹。其体型较大，一些个体全长超过 30cm。斑点横带虎斑钝口螈（*A. m. melanostictum*）的头部小而窄，体长 15cm~20cm。

斑点横带虎斑钝口螈

195

灰横带虎斑钝口螈

其体色有两种类型：其一为橄榄灰色，背部有网眼状斑纹；其二除网眼状斑纹外还夹杂有细小斑点。以上两种之外还出现过黑化个体。在这个亚种身上幼态延续现象尤其多见。体型最大的亚种是灰横带虎斑钝口螈（*A. m. diaboli*），有个别幼体成熟个体全长可达 43.5cm。其体色为深橄榄绿色、灰色或橄榄黄色，全身布满细小黑点。在分布区域边缘经常可以见到一些与其他亚种之间的杂交个体。亚利桑那横带虎斑钝口螈

（*A. m. nebulosum*）分布在南方，它的背部呈黑色或深灰色，体侧至肋腹部有黄色斑点。索诺拉横带虎斑钝口螈（*A. m. stebbinsi*）在本种的分布区域里处于最南端，是一种小型蝾螈，体色为黑色，布满网眼状斑纹。

以上无论哪一个亚种，基本都栖息在干燥的松林、草原或山地森林中，尤其喜欢靠近水源的地方，经常利用其他动物遗弃的洞穴居住。它们食欲非常旺盛，只要是递到眼前的食物，无论是什么都会吃。

虎纹钝口螈 | *Ambystoma tigrinum*

主要分布地（国家或地区）：加拿大南部至美国东部

全　长：18cm~30cm

虎纹钝口螈曾经包含许多亚种，但现在这些亚种已经全部被归入新的种（横带虎纹钝口螈）。它的体色以深色为主，身上布满橄榄色或暗黄色斑纹。幼年虎纹钝口螈常被俗称为"水狗"。

虎纹钝口螈比较容易饲养，但要注意的是，运输过程中拥挤的环境很容易损害它们的健康，腹部出现红肿的个体通常都比较衰弱。虎纹钝口螈代谢旺盛，因此必须经常更换底土，不要让污物滞留太久。它们能忍受较高的气温，夏季只要保持通风良好即可，不必特意冷藏。

加州虎纹钝口螈 | *Ambystoma californiense*

主要分布地（国家或地区）：美国

全　　长：15cm~21cm

　　加州虎纹钝口螈在很多方面与横带虎纹钝口螈的几个亚种比较相近，但它却是一个独立的种。虽然其体型比不上横带虎纹钝口螈，但在虎纹钝口螈属内还算是大型物种。它的头部很圆，占身体整体比例较小；体色为黑色，全身布满奶油色的细长斑点，嘴边也不例外；腹部呈灰色，趾尖呈桃色。

　　加州虎纹钝口螈的栖息环境比横带虎纹钝口螈更加干燥，常见于森林或草原中的池塘、泉水附近。它们一般在地下洞穴内居住，但并不自己挖洞，而是把鼠类或其他哺乳动物挖的洞当作巢穴。它们的幼体有同类相食的行为，一般吃过同类的个体头部会明显更大，这种现象在横带虎纹钝口螈中较为多见。

墨西哥钝口螈 | *Ambystoma mexicanum*

世界两栖动物图鉴

白化个体

黑色个体

主要分布地（国家或地区）：墨西哥

全　长：20cm~30cm

　　墨西哥钝口螈有不同的名称，有的人直接叫它的英文名"Axolotl"，有的人叫它"呜帕鲁帕"。其由于幼态延续现象而广为人知。它的体色为深褐色或深灰色，夹杂有深色斑纹。野生个体分布区域仅限于墨西哥的查尔坎德湖和霍奇米尔科湖中，个体数量正在急剧减少。不过人类已经人工繁育了数代墨西哥钝口螈，而且它在饲养环境下的繁殖能力出众，子孙众多，现在已经被用作实验动物了。它的体色变异多样，有奶花个体、黄化个体等。

　　墨西哥钝口螈是完全的水栖动物，可以在水中饲养。它的生命力顽强，用配合饲料就能喂养。在水温高的浅水环境下，墨西哥钝口螈有极小的可能会退化掉外鳃进而转为陆栖，不过这并不是它们的自然状态，这些个体通常都不会活得太久。

在陆地上生活的成年个体

斑点钝口螈 | *Ambystoma maculatum*

色彩变异个体

主要分布地（国家或地区）：加拿大东南部
　　　　　　　　　　　　　至美国东部

全　　长：15cm~24cm

　　斑点钝口螈体格结实，但体型略显细长。其背部呈黑色或深灰色，有两列黄色或橙色的斑点不规则排布。这些斑点的大小、数量、清晰度都有个体差异，有的小而多，有的大而模糊，有的几乎没有斑点。有专家认为这些差异来自地域性分异，但尚未得到证实。

　　它们栖息在阔叶林丘陵地区，集中在池塘周边，大部分时间在地下度过。

　　饲养斑点钝口螈时，要给它准备比较厚的底土，使它能够钻进去休息。它的性格有些敏感，易受惊，但不难喂养。斑点钝口螈是长寿的动物，一般能活 20 年左右。

暗斑钝口螈 | *Ambystoma opacum*

卵

主要分布地（国家或地区）：美国东部至南部
全　　长：8cm~12cm

　　暗斑钝口螈体型小，身体短粗，尾巴略短于躯干。其体色为深灰色或黑色，背部有白色或银色横纹，一般雄性体色比雌性体色更浅。刚完成变态的个体体色为深褐色，斑纹很细且模糊，年轻个体身上往往还残留着这些特征。它们栖息在多沼泽的森林中，雌性产卵后会用身体卷住卵，一直等到一场足量的降雨使它们能够被孵化出来。

　　暗斑钝口螈喜欢躲在隐蔽处，饲养环境

中最好也给它准备一个躲避洞，并铺上一层厚厚的底土使它能够钻进去休息。饲养它时应喂食细碎食物。

幼体

鼹钝口螈 | *Ambystoma talpoideum*

主要分布地（国家或地区）：美国南部

全　长：8cm~12cm

鼹钝口螈被认为是钝口螈属的代表性物种，但它的外形却与其他钝口螈属物种大相径庭。其身形比起属内其他物种明显更胖更短，且头部硕大，四肢发达，尾巴短小。其

体色为灰褐色、灰色或黑色，夹杂有许多蓝白色晶粒状斑纹。它们一般栖息在森林中，常潜伏在倒木及落叶下。饲养状态下它们也习惯用扁平的头部与健壮的四肢挖掘洞穴，在底土层中隐居。正是由于它挖洞的习性，才被取上了"*talpoideum*（鼹鼠）"这个种名。鼹钝口螈的外观别具特色，观赏价值很高，但由于它习惯穴居生活，基本不会在人类面前出现。

蓝点钝口螈 | *Ambystoma laterale*

主要分布地（国家或地区）：加拿大东南部至美国东北部

全　长：7.5cm~13cm

蓝点钝口螈在钝口螈属中体型略显单薄，属于小型蝾螈。雄性体型略小于雌性，尾部扁平且长。其外观看上去与日本的小鲵属物种比较相似，背部呈灰黑色或蓝黑色，体侧有许多蓝白色不规则斑点。它们主要栖息在沼泽较多的落叶林中，偶尔也能在针叶林及开阔草地中发现它们的身影。它们一般藏身在倒木、岩石或地面堆积物之下。

在野外，它们一般以小型昆虫及蚯蚓为食，饲养状态下有时可能会不吃蟋蟀，可以喂蜜虫或潮虫。

白斑粘滑螈 | *Plethodon cylindraceus*

无肺螈科

钝口螈科／无肺螈科

主要分布地（国家或地区）：美国东部

全　长：11cm~20cm

　　无肺螈科是有尾目中包含物种最多的一个科，科内物种均没有肺，用皮肤和口腔呼吸。多数物种没有幼体期，母体在陆上产卵后直接孵化出子代。无肺螈属（*Plethodon*）是包含物种最多的一个属。白斑粘滑螈与其他数个物种被统称为"粘滑螈"，这些物种在感到威胁时，体表会分泌出黏性很强的液体。白斑粘滑螈体色为蓝黑色，肋腹部有许多奶油色或白色斑点，下颌呈浅色。它们一般栖息在森林及峡谷中的阴凉处或洞穴入口附近，常潜伏在岩石及倒木下。

南卡罗来纳粘滑螈 | *Plethodon glutinosus*

主要分布地（国家或地区）：美国（南卡罗来纳州、佐治亚州）
全　长：11cm~20cm

南卡罗来纳粘滑螈是粘滑螈的一种，但有时会与其他蝾螈混同出售。它的体侧有白斑，背部有黄铜色斑纹。其体色有两种类型，还有全身蓝黑色的个体。粘滑螈不需要在水中生存，一般在湿润的森林地面活动。繁殖时它们也不用到水边产卵，雌性会在体内受精之后把卵产在陆地上并由雄性守护。它们没有幼体期，孵化出来的子代已经在卵内完成了变态发育，鳃已消失不见。

饲养南卡罗来纳粘滑螈时要时刻注意保持湿润，而且不要设置过深的水池，以防它落入池中淹死。

北部白颊螈 | *Plethodon montanus*

主要分布地（国家或地区）：美国（北卡罗来纳州、弗吉尼亚州）
全　长：11cm~15cm

白颊螈种群分布在美国东部的部分地区，其特征为体色为黑色，面颊呈浅色。它们与粘滑螈的主要区别在于背部及肋腹部没有白色斑点。北部白颊螈的主要特征是腹部至下颌呈浅色，而种群内其他物种腹部呈深色。它们栖息在湿润茂密的高地森林中，喜好在岩石及倒木下隐居，通常在雨夜出来活动。

饲养北部白颊螈时需要准备阴凉的环境，入秋后天气转冷也无须加温。

长尾河溪螈 | *Eurycea loncaudata*

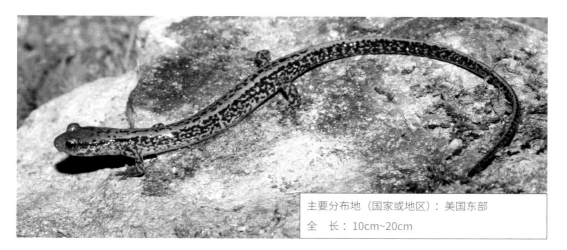

主要分布地（国家或地区）：美国东部

全　　长：10cm~20cm

河溪螈属（*Eurycea*）有时又被称为"长尾螈属"，属内物种身体及尾部细长，眼睛突出。长尾蝾螈是河溪螈属的代表物种，尾巴的长度是躯干和头部总长度的 3 倍。雌雄个体的上颚上方均有一对髭状突起，雄性则更为明显。其体色为土黄色、淡紫色或黄褐色等，背部与体侧分布有许多黑斑点，且体侧的黑斑点常连接成线，而背上的黑斑则无此现象。它们栖息在洞穴中，一般在傍晚外出，夜间活动，特别喜欢在雨夜出没。虽然它属于陆栖物种，但成年个体十分擅长游泳。

金丝河溪螈 | *Eurycea guttolineata*

主要分布地（国家或地区）：美国东南部

全　　长：13cm~18cm

金丝河溪螈曾被当作是长尾蝾螈的一个亚种，它的体色为橘红色或褐色，背部中线上有一条黑色细线，体侧有 3 条黑线；腹部呈黄色，夹杂有许多灰绿色斑纹。它们常栖息在泉水、池塘和小河附近的草地中，很少离开水边。它是夜行性动物，在雨夜活动频繁。

金丝河溪螈在野外一般以小型昆虫为食，因此饲养时也要喂食细碎的食物。

夜河溪螈 | *Eurycea lucifuga*

世界两栖动物图鉴

主要分布地（国家或地区）：美国中东部

全　　长：8cm~16cm

夜河溪螈身体十分细长，但头部却相对宽大，眼睛突出。成年个体体色为暗黄色或橘红色，背部分布有明显的黑色斑点。幼年个体体色偏黄，随着年龄的增长橘红色会越来越明显。它们喜欢住在林中洞穴附近的阴凉处。成年个体尾部力量强劲，在捕捉昆虫时会借助尾部力量攀爬岩壁。它们离开洞穴后一般在岩石下或落叶下等阴凉处潜伏。

由于夜河溪螈生活在温度较低、食物较少的地方，所以它生长得极为缓慢。饲养时也要为它准备一个阴凉的环境。

红蝾螈 | *Pseudotriton ruber*

主要分布地（国家或地区）：美国东部
（除佛罗里达半岛）
全　长：9cm~18cm

红蝾螈身体呈圆筒形，四肢及尾巴都很短。幼体体色为十分鲜艳的红色，但随着年龄的增长会逐渐变成红褐色，且全身布满黑点。红蝾螈存在 4 个亚种，亚种间的差异主要体现在体表的斑纹样式不同。它们喜欢凉爽的环境，一般栖息在湿润的森林地面，常见于高地上的林中小溪或泉水附近，主要以蚯蚓为食。

红蝾螈不耐高温，饲养时需要用冰箱或水中制冷机等设备维持低温。它的习性倾向于半水栖，可以给它准备一个浅水环境的养殖缸。

暗棕脊口螈 | *Desmognathus fuscus*

主要分布地（国家或地区）：美国东北部至东部
全　长：6cm~14cm

脊口螈亚科（Desmognathinae）是无肺蝾科中比较特殊的一个，它与其他几个属的关系较远，仅由暗棕脊口螈属与深口螈属（Phaeognathas）构成。暗棕脊口螈吻端扁平、眼睛突出、颈部较细，在暗棕脊口螈属中另有几个物种与它外形相似，但分布范围都没有暗棕脊口螈广。它的尾巴根部呈纵向扁平，且上边缘有龙骨状突起。它的体色为褐色或灰褐色，背部有 6~7 对不规则形状的黑斑，体侧有暗黄色或红褐色的线条，线条末端呈波浪线状或直线状。暗棕脊口螈陆栖习性较强，一般栖息在湿润低温的森林中。

多氏游舌螈 | *Bolitoglossa dofleini*

主要分布地（国家或地区）：危地马拉、
　　　　　　　　　　　　　洪都拉斯

全　　长：14cm~20cm

有尾目在中南美洲分布不多，游舌螈属就是其中之一。它们有着明显的树栖习性，故又被称为"树栖蝾螈"。多氏游舌螈是本属内体型最大的物种，且雌性体型大于雄性，但雌性的四肢比雄性更短小。它们的尾巴都很粗，能卷在其他物体上起固定作用；趾间

有发达的蹼，仿佛戴着棒球手套。它们一般栖息在热带雨林中，经常在树上活动，雄性比雌性更偏爱在树上生活。

饲养状态下的多氏游舌螈不喜欢闷热，对过度低温或温度的急速变化也十分敏感，饲养环境以整体较干燥的环境中配有水池为最佳，温度可以设置在 23℃ ~26℃。此外，在遭受惊吓时它会主动切断尾巴，因此不要让喷雾器喷口直接对着它，以防造成惊吓。

贝利涓螈 | *Pseudoeurycea bellii*

主要分布地（国家或地区）：墨西哥
全　　长：25cm~30cm

涓螈属与游舌螈属都分布在中南美洲的热带地区，有尾目中只有两个属生活在这一地区，单是涓螈属就包含 40 多个物种，游舌螈属则包含 80 多个物种，加到一起还是占了很大的比例。正是由于这两个属的存在，我们才不能将有尾目整体归为寒带生物。

贝利涓螈是一种大型蝾螈，全长最长可达 36cm，位列无肺螈科之首，在整体有尾目中也排得上前几名。它的体色以黑色为主，有两列橘红色斑点从肩头一直延伸到尾部。它的尾巴很长，但根部较细。它们一般栖息在高海拔森林中，常在倒木或岩石下藏身。

虽然贝利涓螈习惯在地面活动，但在饲养环境下也时常上下攀爬，捕食昆虫时习惯将舌头弹出粘住猎物。

埃氏剑螈 | *Ensatina eschscholtzii*

无肺螈科

埃氏剑螈基本亚种

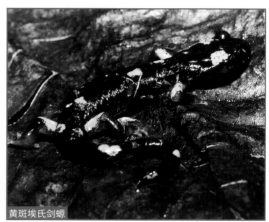

黄斑埃氏剑螈

俄勒冈埃氏剑螈

金目埃氏剑螈

207

无肺螈科

主要分布地（国家或地区）：美国西部至墨西哥下加利福尼亚半岛

全　　长：7cm~14cm

　　埃氏剑螈仅有一属一种，但包含多个亚种。其特征是尾巴根部十分细，看起来像是接上去的一样。每个亚种的体色都有很大差异，埃氏剑螈模式亚种（*E. e. eschscholtzi*）体色为红褐色，无斑纹，虹膜呈黑色。黄斑埃氏剑螈（*E. e. croceator*）体色为黑色，背部有奶油色或黄色斑纹。大斑埃氏剑螈（*E. e. klauberi*）体色为黑色，身上有许多横带状的奶油色或橙色斑纹。俄勒冈埃氏剑螈（*E. e. oregonensis*）背部呈褐色或黑褐色，腹部呈浅色，夹杂有黑点。多彩埃氏剑

螈（*E. e. picta*）体色以褐色为主，夹杂有黑色、黄色或橙色斑纹，腹部呈黄色或橙色。短嘴埃氏剑螈（*E. e. platensis*）体色为褐色，夹杂有橙色斑点。金目埃氏剑螈（*E. e. xanthoptica*）虹膜上半部分呈金色。

　　埃氏剑螈栖息在高海拔松林、橡树林或其他灌木丰富的丛林中，常在雨后活动，低温干燥时会在其他动物挖掘的洞穴中休息。一旦被天敌捉住，它们就会把尾巴高高翘起，同时张开四肢以示威吓。

红腹蝾螈 | *Cynops pyrrhogaster*

繁殖期的雄性

正在吃螺蛳的红腹蝾螈

主要分布地（国家或地区）：日本

全　长：8cm~13cm

蝾螈科是有尾目中分布最广的一科，在亚洲、欧洲、非洲及北美洲都能见到它们的身影。为了保护自己，它们多数都演化出了有毒的皮肤，通过艳丽的体色向敌人宣告自己的毒性。红腹蝾螈背部呈黑色，夹杂有红色斑纹，这就是它的警戒色，预示着它的体内含有河豚毒素——同河豚体内含有的毒素一样。红腹蝾螈是日本的本土物种，有一定程度的地域分异，可分为几个种群，腹、背部颜色及体型大小各有不同。雄性进入繁殖期后尾巴上会出现蓝色或紫色斑点。它们栖息在静水的淡水环境中，常见于池塘、沼泽和水田等处，虽然习惯水栖生活，但它也能在陆上活动。红腹蝾螈的再生能力很强，趾甚至腕部断裂后都能自我再生，这是蝾螈科物种共通的本领。它的胃口很大，从水栖昆虫、螺蛳到蝌蚪都吃。

虽然红腹蝾螈体内含有毒素，但只要不食用就没有中毒的风险。唯一要注意的是，它的耳腺还能分泌另一种毒液，用手触摸它后一定要记得洗手。

红腹蝾螈腹部（京都府产）

在陆地上活动的红腹蝾螈

红腹蝾螈多在水中活动

德岛县产红腹蝾螈

德岛县产红腹蝾螈（腹部）

剑尾蝾螈 | *Cynops ensicauda*

冲绳剑尾蝾螈

剑尾蝾螈模式亚种

剑尾蝾螈模式亚种（红斑较多的个体）

主要分布地（国家或地区）：日本

全　长：10cm~15cm

　　剑尾蝾螈是日本身体比红腹蝾螈略细长，尾巴也较长，因而得名"剑尾蝾螈"。剑尾蝾螈有两个亚种，一个是分布在奄美大岛的剑尾蝾螈模式亚种（*C. e. ensicauda*），背部有极少量金箔状斑纹，腹部色调偏黄；另一个是分布在冲绳岛和渡嘉敷岛的冲绳剑尾蝾螈（*C. e. popei*），背部有明显的金箔状斑纹，一些个体斑纹面积很大，呈地衣状。

它们生活在平原及山区的森林中，常在水沟、水田或池塘附近临水而居。

　　与红腹蝾螈相比，剑尾蝾螈更习惯陆栖生活，饲养状态下除繁殖期以外很少下水。用水缸饲养剑尾蝾螈时，一定要保持较低的水温，并设置一些水草或其他东西作为小岛。如果见到它总是向缸壁上爬，不愿意待在水里，那还是给它换个陆缸吧。

蓝尾蝾螈 | *Cynops cyanurus*

主要分布地（国家或地区）：中国

全　长：8cm~10cm

　　蓝尾蝾螈是一种小型蝾螈属物种，四肢细长，背部呈蓝褐色或橄榄绿色，腹部有橘红色云斑，嘴角及眼睛后方有橘红色斑点。繁殖期内的雄性尾部尖端会变蓝，且夹杂有黑色或深褐色斑点。这种颜色在日本叫作"缥色"，因而蓝尾蝾螈在日语中被叫作"缥色蝾螈"。

　　蓝尾蝾螈一般栖息在田边池畔或森林里的湖沼中，它的适应性很强，在 pH 值为 6.0 的酸性水体中也能生存。饲养状态下的蓝尾蝾螈对较高的水温耐受力很强，很好养活。

饲料可以选用热带鱼用的沉水性饲料，它们吃起来完全没问题。

偏红色的个体

中国瘰螈 | *Paramesotriton chinensis*

主要分布地（国家或地区）：中国南部
全　　长：12cm~15cm

瘰螈属是蝾螈科中的一个属，属内物种的体表均布满粗糙的疣状突起。中国瘰螈种内地域分异明显，体色各有不同，其中很可能存在未发现物种。它们的体色以黄褐色、褐色和黑褐色居多，嘴角、前肢根部及体侧有细小的黄色斑点，脊背中线有一条橙色条纹，腹部呈黑色，且夹杂有大块不规则的黄色、橙色斑纹。

中国瘰螈习惯水栖生活，饲养时可以完全使用水缸，在里面设置一个小岛即可。但要注意水温持续过高时它就会上岸，并且食欲也会急剧下降。

尾斑瘰螈 | *Paramesotriton caudopunctatus*

主要分布地（国家或地区）：中国南部
全　　长：11cm~13cm

尾斑瘰螈是瘰螈属的一员，但体表的疣状突起并不明显，体侧有一些细小的突起。它们身体细长，吻端狭长，腹部呈橘红色，有着棒状的尾巴。它们的体色为土黄色，雌性偏绿褐色，进入繁殖期后体色会更加鲜艳。雄性尾巴上排列着细小的圆形斑点，繁殖期内这排斑点会变得十分醒目。它们一般栖息在山区溪流中。

饲养尾斑瘰螈时应保持低水温，并使用气泵制造水流。最好再给它准备一个管状物作为躲避洞，这样可以使它保持镇静。

老挝瘰螈 | *Laotriton laoensis*

主要分布地（国家或地区）：老挝北部
全　长：15cm~19cm

老挝瘰螈是一种大型蝾螈，体格健壮。其头部扁平且有角，上唇较厚，尾巴较宽且纵向扁平。其体色为黑色，腹部有朱红色或橘红色斑纹，脊背正中及身体两侧共有 3 条

黄褐色条纹，在一些个体身上，这 3 条条纹会在躯干部位汇合。雄性进入繁殖期后尾部会出现浅色斑纹。它曾经被认为是瘰螈属内的一个物种，现在已被单独列为老挝瘰螈属（*Laotriton*），该属内仅有它一个物种。它一般栖息在山区里的小河、泉水及壶穴中，习惯水栖生活。

瘰螈属物种在同居环境下常会互相打斗，不过体形硕大的老挝瘰螈性格却很温和，同居环境下极少发生打斗。

213

蝾螈科

红瘰疣螈 | *Tylototriton shanjing*

主要分布地（国家或地区）：中国南部
全　长：12cm~18cm

疣螈属（*Tylototriton*）物种肋骨尖端大多有疣状突起，红瘰疣螈体色为黑色，头部、四肢及脊背中线上有鲜艳的橘红色斑纹，肋腹部上的疣状突起也呈橘红色，十分醒目。

它一般栖息在高地上的水田、池塘或小河附近的草地里，以蚯蚓及小型昆虫为食。它喜欢在夜间活动，白天在岩石及倒木下休息。虽然它平时在陆地上生活，但繁殖期时会进入水中。

红瘰疣螈在运输过程中容易受擦碰伤，从而引发感染。虽然近年来运输条件大大改善，健康个体越来越多。

棕黑疣螈 | *Tylototriton verrucosus*

主要分布地（国家或地区）：中国

全　　长：12cm~22cm

它们的分布范围很广阔，因此种群间的体色差异十分明显，近年来的一些研究已经将某些种群视为独立的种。它们一般栖息在丘陵地区或低山地区中的水域附近，喜欢在森林落叶层、阴影处等潮湿的环境中活动。它们平时在陆地上生活，但进入繁殖期后会进入水中，尾巴也相应地变成鳍状。

棕黑疣螈在饲养状态下食欲很好，比较容易喂养。

棕黑疣螈是疣螈属内的大型物种，疣状突起小而明显。其体色为黑褐色或褐色，头部尖端、四肢及脊背中线呈浅橙色或浅褐色。

贵州疣螈 | *Tylototriton kweichowensis*

主要分布地（国家或地区）：中国南部

全　　长：15cm~21cm

色条纹，这 3 条条纹在尾巴根部汇合。贵州疣螈栖息在山区，常见于落叶或倒木之下。疣螈属物种在繁殖期习惯集中到水边，我们一般见到的个体基本都是这时被捕获的，因此雌雄个体数量差异很大。

由于疣螈属物种除繁殖期外几乎不会下水，所以饲养贵州疣螈时可以使用铺设湿润底土的陆缸。

贵州疣螈体型较大，体格壮硕，雌性体型大于雄性。它们体表粗糙，有许多疣状突起但不明显。其体色为黑色，耳腺、趾尖及尾部呈橘红色，脊背中线与体侧有 3 条橘红

秉志肥螈 | *Pachytriton granulosus*

主要分布地（国家或地区）：中国东部
全　　长：12cm~16cm

　　肥螈属是一类水栖蝾螈，蝾螈科内多数物种体表都很粗糙，但肥螈属物种的体表却比较光滑。许多肥螈属物种尚无研究记录，今后必然还会有新的物种被增添进属内。秉志肥螈曾经的学名是"*Pachytriton* *labiatus*"，然而随着近年来对其的研究增多，这个学名已经废弃不用了。秉志肥螈体色为深褐色或黑色，腹部有不规则的红色或橙色斑点，部分个体体侧有断断续续的红色条纹。它们一般栖息在山区溪流中，过着完全的水栖生活，常隐居在岩石缝隙中。秉志肥螈对水质的要求不是很高，清水和浊水里都能发现它们的身影。

215

瑶山肥螈 | *Pachytriton inexpectatus*

主要分布地（国家或地区）：中国南部
全　　长：13cm~19cm

　　瑶山肥螈曾被认为是秉志肥螈中的一个种群，近年的研究倾向于把它列为一个独立的种。它的体色为深褐色，常有橘红色色斑，体侧至尾部有断断续续的红色或橘红色线条。瑶山肥螈头部宽大，体型比秉志肥螈更大且更壮硕。

　　运输过程中受过擦碰伤的瑶山肥螈伤口处常附着有霉菌状物质，只要每天换水，伤口就能很快愈合。由于瑶山肥螈营水栖生活，所以饲养时可以用水缸，并用水泵制造流水环境。

绿红东美螈 | *Notophthalmus viridescens*

红鲵（幼体）

成体

主要分布地（国家或地区）：加拿大东南部、美国东部

全　　长：6cm~14cm

东美螈属（*Notophthalmus*）物种在北美洲分布较少，绿红东美螈则是东美螈属中分布最广的一个物种。它有 4 个亚种，体色与斑纹各异，且幼体与成体的外观也有很大差异。绿红东美螈指名亚种（*N. v. viridescens*）幼体呈鲜艳的橘红色，成体则呈黄褐色或橄榄绿色，夹杂有黑框橙斑。佛罗里达半岛亚种（*N. v. piaropicola*）体色为深橄榄色或深褐色，但无橙色斑点，这一亚种的腹部分布有芝麻状黑斑。无论哪个亚种都有着同样的生命历程。它们的幼体都是陆栖性的，被称为"红鲵"，成年后则进入水中生活。它们栖息在森林附近的池塘、湖泊或水流平缓的河道里，其幼体就有十分鲜艳的体色，以向敌人宣示自己的毒性。

加利福尼亚渍螈 | *Taricha torosa*

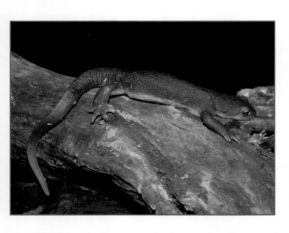

主要分布地（国家或地区）：美国西海岸

全　　长：12cm~19cm

渍螈属（*Taricha*）物种是分布在北美洲西海岸的蝾螈科动物，皮肤粗糙。加利福尼亚渍螈是加利福尼亚州的本土物种，背部呈黄褐色或红褐色，腹部呈黄色或橙色。粗皮渍螈（*T. granulosa*）与它外观相近，但有一些特征可以将二者区分开来，例如眼睛比肥渍螈更小，虹膜下半部呈深色，腹部与背部色彩分界明显（加利福尼亚渍螈腹部与背部分界不明显）等。它们栖息在常绿阔叶林环绕的池塘、湖泊或溪流里，体内毒性较强，一旦遭遇袭击就会亮出腹部以示警告。

加利福尼亚渍螈的皮肤毒性较强，一定不要用摸过它的手直接接触人体黏膜部位或其他动物。

高山螈 | *Ichthyosaura alpestris*

| 主要分布地（国家或地区）：欧洲东部至南部、西班牙北部 |
| 全　　长：8cm~10cm |

高山螈有 7 个亚种，其中指名亚种（*I. a. alpestris*）又称"阿尔卑斯蝾螈"，在市面上最为常见。陆栖高山螈体色为灰色或橄榄色，腹部呈明黄色或橙色。雄性水栖高山螈的背部有鱼背鳍，体侧呈浅蓝色，嘴的四周及体侧有许多黑色斑点；雌性则遍布蓝色斑点。

高山螈栖息在低地山区的森林中，饲养状态下偏好凉爽环境。水栖高山螈尤其喜好低温，陆栖高山螈则对温度没有特殊要求。

南部冠欧螈 | *Triturus karelinii*

| 主要分布地（国家或地区）：黑海南部至地中海沿岸 |
| 全　　长：15cm~17cm |

冠欧螈属（*Triturus*）又名"欧螈属"，曾包含多个物种，但其中一些物种现已被归入其他属内，只剩下几个大型物种留在冠欧螈属内。冠欧螈属内的现有物种陆栖状态与水栖状态的外貌差异十分明显，水栖状态的雄性背部都会出现背鳍。南部冠欧螈的背鳍与属内其他物种相比略小，腹部呈红色或橙色，喉部有黑色斑点。它们栖息在山区森林中，陆栖阶段在地表及水域附近捕食小型昆虫或蚯蚓。

饲养南部冠欧螈要注意它的外观变化。

当它的背鳍消失、皮肤干燥时，说明它处于陆栖阶段。这时它不能游泳，所以要降低缸内水深，布置以陆地为主的环境。冬去春来，它入水的频率越来越高，皮肤也开始变得湿润时，说明它就要进入水栖阶段了，这时缸内布置要改为以水域为主。水栖阶段时可以给它喂食配合饲料。

陆栖状态

多瑙河冠欧螈 | *Triturus dobrogicus*

幼体

主要分布地（国家或地区）：欧洲东部
全　长：14cm~16cm

与属内其他物种相比，多瑙河冠欧螈体型细长，四肢短小。其头部侧面到体侧均布满白色斑点，腹部呈橙色或黄色，夹杂有黑色斑纹。处于水栖阶段且进入繁殖期的雄性外观变化十分大，它的背鳍会变长，呈火焰状，尾巴纵向变宽。雄性会摇摆它们夸张的背鳍，以此招徕雌性。多瑙河冠欧螈常见于农田、湖泊及湿地中，在分布区边缘可以发现它们与冠欧螈属其他物种诞下的杂交个体。

与其他冠欧螈相比，多瑙河冠欧螈对温度变化的反应比较迟钝，除繁殖期以外也可以在水中饲养。但还是要在缸里布置一个小岛，如果看到它一直在岛上待着不愿下水，就要及时换成陆缸。

理纹欧螈 | *Triturus marmoratus*

主要分布地（国家或地区）：法国、葡萄牙、
西班牙
全　长：13cm~17cm

向扁平，呈鳍状。它们栖息在森林中，与属内其他物种相同，陆栖阶段时它们的皮肤会具有疏水性，也不能游泳。但这时的它们十分耐高温，在普遍喜好低温的有尾目物种中算是个例外。一旦环境温度下降，它们就会转为水栖生活。

理纹欧螈体色十分独特，底色为绿色，夹杂有黑色斑纹。其脊背中线上有橙色及黑色条纹，进入繁殖期后这条条纹就会生长成为帆状的背鳍，同时尾巴也会相应地变得纵

饲养理纹欧螈时，要注意陆栖阶段应该喂昆虫，而水栖阶段应该喂配合饲料或蚯蚓、红虫等。

欧非肋突螈 | *Pleurodeles waltl*

白化个体

| 主要分布地（国家或地区）：伊比利亚半岛、 |
| 摩洛哥 |
| 全　长：15cm~30cm |

　　肋突螈属物种体侧都有成排的疣状突起，疣状突起的里面就是它们的肋骨。遭遇威胁时，它们就会使肋骨刺破疣状突起而伸出体外，借助肋骨驱赶猎食者。此外疣状突起本身也含有毒腺，可以释放刺激性物质。欧非肋突螈体型较大，最大的全长可达31cm，而且分布在伊比利亚半岛的个体普遍大于分布在非洲的个体。与雌性相比，雄性尾巴更长，前肢也更粗。它们栖息在池塘、湖沼等永久水域，习惯水栖生活。

　　饲养状态下的欧非肋突螈生命力十分顽强，很少生病，对高水温的耐受力也很强。与其他欧洲产蝾螈不同的是，它们终生都可以生活在水中。欧非肋突螈食欲非常旺盛，可以喂食沉水性配合饲料。人工繁育欧非肋突螈也比较容易，雌雄配对后，在自然温度下就可以繁殖。

219

蝾螈科

土耳其星斑螈 | *Neurergus crocatus*

| 主要分布地（国家或地区）：伊拉克、伊朗、 |
| 土耳其三国 |
| 交界地区 |
| 全　长：16cm~18cm |

　　星斑螈属包含 4 个物种，土耳其星斑螈是其中体型较大的一种。它的体色为黑色，全身布满大块的奶油色或黄色斑点，但成年个体的色斑会随着年龄的增长而逐渐淡去（颜色变浅，边界变模糊）。其四肢上也有大块色斑，趾尖呈橙色。它们常见于山区溪流附近，习惯陆栖生活，偶尔也进入水中。

　　土耳其星斑螈的栖息地水质较硬，因此饲养时不必特别注意水质问题。市面上能买到的土耳其星斑螈基本是人工繁育的个体，饲养难度不大，只要注意缸内清洁，夏季保持缸内凉爽即可。

火蝾螈 | *Salamandra salamandra*

火蝾螈指名亚种

主要分布地（国家或地区）：欧洲至伊朗、北非

全　　长：25cm~30cm

　　火蝾螈属物种是大型有尾目动物，体格壮硕，有发达的耳腺。其属名"*Salamandra*"意为"近似于蜥蜴的动物"，旧译名为"火蜥蜴"。火蝾螈指名亚种体色类型为黑底黄斑，其他亚种体色类型则各不相同。分布范围广阔的火蝾螈指名亚种（*S. s. salamandra*）体表布满弯钩状或不规则形状的黄斑。法国火蝾螈（*S. s. terrestris*）斑纹形状十分多样，有的个体斑纹遍布全身，有的则只有少数极小的斑点。斑纹的色彩有橙色与红色两种。意大利火蝾螈（*S. s. gigliolii*）是所有亚种中体表黄色所占比例最大的一种，全身遍布大块斑纹。对称纹火蝾螈（*S. s. fastuosa*）与

伊比利亚火蝾螈（*S. s. bernardezi*）体侧有黄色条纹。

法国火蝾螈

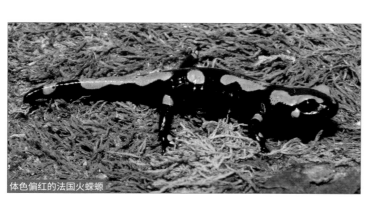
体色偏红的法国火蝾螈

伊比利亚火蝾螈

法国火蝾螈，市面名称"High Yellow"

意大利火蝾螈

葡萄牙火蝾螈

克雷斯波火蝾螈

　　葡萄牙火蝾螈（S. s. gallaica）、克雷斯波火蝾螈（S. s. crespoi）与红冠星点火蝾螈（S. s. morenica）除黄斑外，在耳腺附近及体侧还有红斑。黑金火蝾螈（S. s. alfredschmidti）体色为金褐色，斑纹不明显。除了以上提到的亚种，火蝾螈属中还有好几个亚种，这些亚种被一些人误认作其他亚种的特殊种群，相反一些亚种中的种群也会被误认作另一个亚种。

　　火蝾螈主要栖息在山区或丘陵地带的森林中，过着陆栖生活，很少进入水中。饲养火蝾螈时需要注意要使底土干湿适中，含水量不要过多，并要在缸内布置躲避洞和小水池。缸内适宜温度因亚种不同而异，葡萄牙火蝾螈比较耐高温，对称纹火蝾螈与意大利火蝾螈则喜好低温。它们的食欲都很旺盛，除昆虫外也吃肉和配合饲料，不过需要拿到它眼前晃动一下。火蝾螈是胎生动物，幼体直接从母体中诞生。另外，火蝾螈的英文名"Fire Salamandra"中的"Fire"一词含有"发射"的含义，因为它们的耳腺能分泌刺激性液体，当遇到威胁时会射出毒液以自卫。虽然它们在饲养状态下很少主动喷射毒液，但还是要尽量减少不必要的接触。

蚓螈目

蚓螈目

达岛鱼螈 | *Ichthyophis rohtaoensis*

主要分布地（国家或地区）：泰国

全　长：20cm~28cm

　　鱼螈科是一种有尾、二次环褶（环褶间的不明显褶皱）与鳞的蚓螈目动物，分布在东南亚地区，包含 3 个属、52 个物种。其中单是鱼螈属就包含了 40 个物种，在鱼螈科内占比最大。

　　达岛鱼螈就是鱼螈属内的物种，体色为深灰色或黑色，与属内其他物种相同，但体侧的黄线是达岛鱼螈所独有的。鱼螈科物种幼体期有鳃，在水中生活，长到全长 18cm 左右时转为陆地（地下）生活，变为成体。

　　达岛鱼螈也不例外，其幼体有鳃，过着完全的水栖生活，成体栖息在山区溪流或池塘、水田附近的柔软泥土中。它们主要以蚯蚓等地下生物为食，外部气温过低时会停止进食，进入冬眠状态。

　　达岛鱼螈在野外生活在温度稳定的地下，所以饲养时要注意温度。平时应将温度保持在 20℃以上，冬眠期间也应保持在 15℃左右，切忌让它暴露在低温环境中。

加蓬蚓螈 | *Geotrypetes seraphini*

真蚓科

主要分布地（国家或地区）：非洲中部
全　长：28cm～45cm

　　加蓬蚓螈常被冠以"喀麦隆蚓螈"的名字，从而与其他物种混淆在一起。它的体色为紫黑色或蓝黑色，有淡蓝色环褶与二次环褶，腹部侧面呈浅色。它们过着地下生活，潜藏在森林或草原柔软的土壤中。

　　加蓬蚓螈主要以蚯蚓等地下生物为食，但饲养状态下一般喂食摘去四肢的蟋蟀、蜜虫等昆虫。包括加蓬蚓螈在内的多数蚓螈目物种都生活在热带地区，所以饲养时要适度加温，温度最好保持在 20℃ 以上。

考氏水蚓 | *Potomotyphlus kaupii*

盲游蚓科

主要分布地（国家或地区）：南美洲西北部、
　　　　　　　　　　　　　巴西北部
全　长：25cm～69cm

　　多数蚓螈目物种都在陆地生活，但盲游蚓科物种却在水中生活。它们有着柔软的鳗鱼状躯体，十分适合在水中生活，鼻孔附近有触须是它们的主要特征。科内包含 4 个属，其中考氏水蚓所在的水蚓属中只有它一个物种。考氏水蚓分布在奥里诺科河与亚马孙河流域，躯体细长，背面呈紫色，腹部呈桃色，环褶有深色轮廓。它们在浅水环境中过着水栖生活，常潜藏在岩石或茂密的水草中，在夜间活动。水栖蚓螈目物种在运输过程中常会发生擦碰伤，并由此引发细菌感染，选购时必须注意。

　　饲养考氏水蚓最好用养过热带鱼的旧水，并使水温一直保持在温暖的状态，此外还需要在缸内布置一些茂密的水草。

224

世界两栖动物图鉴

▶ P234. 日本雨蛙

▶ P248. 红腹蝾螈

部分品种饲养方法

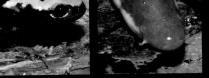

角蛙

部分品种饲养方法① 角蛙的饲养方法

必需品

● 养殖箱（玻璃缸、塑料箱等）

● 网盖（搭配玻璃缸）

● 底材

● 荧光灯（观赏用，非紫外线灯）

● 电热片（使用与否根据室温高低而定）

箱就能饲养，成年后改用大塑料箱即可。如果是弹跳力较强的野生个体，则需要使用玻璃缸或大塑料箱。饲养幼年个体时，可以在缸底放浅水，也可以铺一块羊毛垫，或者铺一层腐殖土或苔藓作为底材。以上环境同样适用于成年个体。但要注意的是，角蛙长期生活在没有底材的缸里会不利于后肢的发育，饲养幼年个体时还是尽量在缸底铺设底材为宜。特别是野生的苏里南角蛙、秘鲁角蛙及皮氏蟾蜍，饲养时必须要铺设底材以供其挖洞居住。

▶缸内布置

角蛙活动能力不强，幼年个体用小塑料

【针对幼年个体的缸内布置一例】

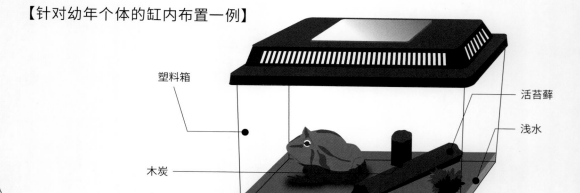

塑料箱

活苔藓

浅水

木炭

【针对成年个体的缸内布置一例】

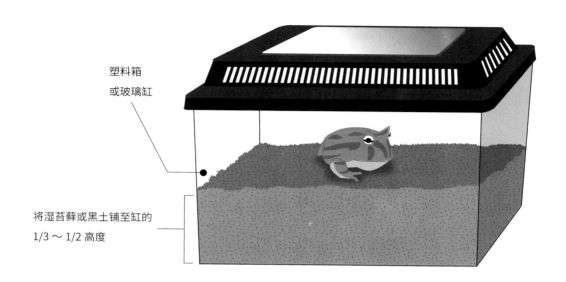

塑料箱
或玻璃缸

将湿苔藓或黑土铺至缸的
1/3 ～ 1/2 高度

　　角蛙喜欢温暖的环境，室温低于 18℃ 时就需要加装电热片。电热片可以贴在侧面缸壁上，也可以贴在缸的底面上，但贴在底面时要注意不要使电热片占据底面的全部，这样当角蛙感到太热时还可以躲到没有电热片的部分去。

▶ 饲养要领

　　● 角蛙食欲旺盛，需要人为地控制喂食量。亚成体以上年龄的角蛙如果进食过量导致肥胖的话，比较容易猝死。幼年个体每日喂食一次，亚成体以上年龄的角蛙数日喂食一次即可。

　　● 缸底注水饲养时需要每日换水。

　　● 角蛙有同类相食的案例，因此不要在缸内同时饲养多只。

▶ 日常护理

　　角蛙可以吃昆虫、鱼类、小鼠等多种生物，市面上也有角蛙专用饲料出售，可以根据情况自由选择。喂食时要用镊子夹住食物，由远至近拿到它的面前，而且不要把食物放得离吻端太近，否则角蛙反而会感知不到。如果你的角蛙比较敏感活泼，那就可以直接把食物放在缸里让它自己捕食。但要注意蟋蟀会咬伤角蛙，因此必须把它吃剩下的蟋蟀取出来。喂食能量较低的昆虫可以一日一次，喂食小鼠这种能量很高的食物一周一次即可。喂食小鼠时最好喂无毛小鼠，虽然成年角蛙也能吞下有毛的小鼠，但不利于消化。野生苏里南角蛙在人工环境下不太喜欢吃东西，饲养时最好将底土铺厚，让它有充足的隐蔽空间，再根据情况喂食。它们尤其喜欢吃蛙类，如果喂食昆虫不吃的话可以试试喂浮蛙（一般作为肉食性热带鱼的饲料出售），市场上就能买到。

　　在缸底放水或铺羊毛垫的情况下，即使没有明显污渍，每天也都要换水或清洗羊毛垫和缸壁。水质不佳的话角蛙会停止脱皮，活力也会下降，关键是还容易引发感染。缸底如果铺设了土质底材，则要随时把可见的粪便拣出来，每隔一周左右就要整体更换一次底土，并清洗缸体。具体的换洗周期可以参考个体的排泄量及喂食间隔而定。

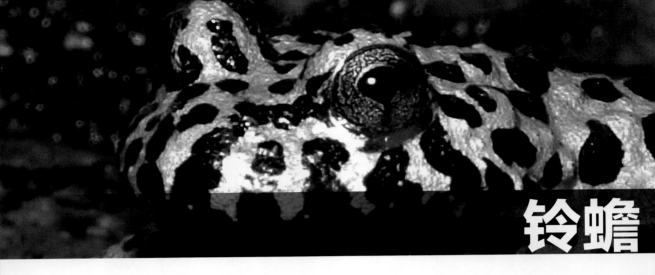

铃蟾

铃蟾的饲养方法
（半水栖蛙类）

世界两栖动物图鉴

必需品

● 养殖箱（玻璃缸、塑料箱等）

● 网盖（搭配玻璃缸）

● 石块及躲避洞

● 荧光灯（观赏用，非紫外线灯）

▶ 缸内布置

　　东方铃蟾、多彩铃蟾和红腹铃蟾等小型铃蟾可以用小塑料箱饲养，大蹼铃蟾和微蹼铃蟾等大型铃蟾虽然体型较大，但它们活动能力不强，中号塑料箱或小玻璃缸就完全够用了。铃蟾能攀爬垂直面，因此用无盖玻璃缸时一定要加装一个透气良好的网盖。由于铃蟾半水栖的习性，缸内水深不应没过它的鼻尖，且应布置一处浮岛或石块能让它在陆上休息。市面上可以买到现成的躲避洞和假石块，假石块重量很轻，打扫时不像真石块那样碍事。在室温环境下饲养时需要一定的保温措施。对于野外栖息环境是溪流的品种，最好用宽阔的水缸饲养，并在水中设置水泵制造低速水流，这样就可以观察到它最真实的野生习性了。照明可有可无，有观察及调节昼夜周期的需要的话可以安一盏灯，但不要用含紫外线的灯，使用观赏用荧光灯即可。

▶ 饲养要领

　　● 东方铃蟾、红腹铃蟾、多彩铃蟾、大蹼铃蟾及微蹼铃蟾喜好的温度各不相同，后两者偏好凉爽的环境，饲养时一般要将温度控制在 20℃左右，夏季也要控制在 25℃以下。

　　● 铃蟾的皮肤毒素毒性较强，触摸它们之后一定要洗手。养殖箱也要经常清洗，尤其是更换品种之前，一定要先把用过的缸洗一遍，保证没有蜕皮残留。

【缸内布置一例】

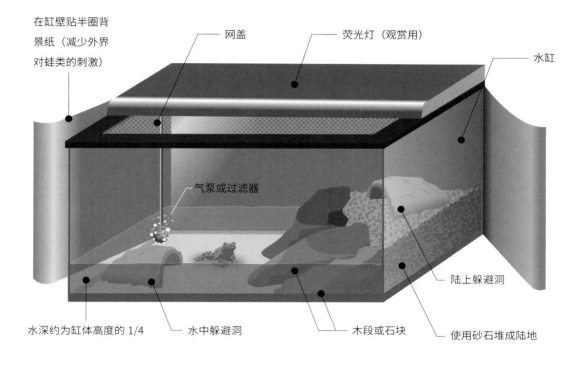

在缸壁贴半圈背景纸（减少外界对蛙类的刺激）

网盖

荧光灯（观赏用）

水缸

气泵或过滤器

陆上躲避洞

水深约为缸体高度的 1/4

水中躲避洞

木段或石块

使用砂石堆成陆地

▶ 日常护理

　　东方铃蟾对人工喂食反应良好，尤其喜欢吃蟋蟀等活体昆虫，也吃得惯浮水性饲料。其他铃蟾不像东方铃蟾这样食欲旺盛，但总体来说还是很好养活的。大蹼铃蟾等大型铃蟾有时不吃蟋蟀，这时可以换成蚕或蜜虫试一试。铃蟾在温度过高的情况下往往会食欲不振，如果你的铃蟾忽然不爱吃东西了，可以先调整一下温度。

　　蜕皮等污物在箱内长期滞留很容易滋生细菌。用小塑料箱饲养时需要每隔几天就换一次水，并把箱子及箱内物品整体清洗一遍。用有水循环系统的大号玻璃缸饲养时也要每隔一两周换一次水，并定期清洗缸体。缸内同时饲养多只铃蟾时则更要勤换水、多洗缸。

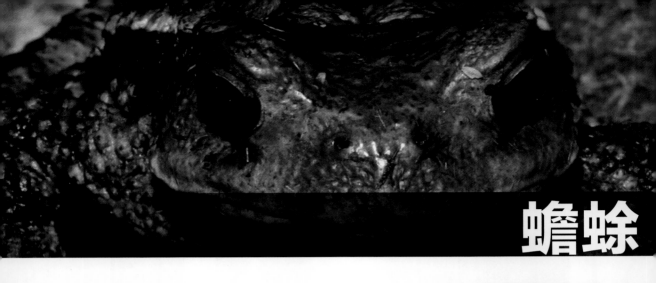

蟾蜍

蟾蜍的饲养方法
（陆栖蛙类）

世界两栖动物图鉴

必需品

- 养殖箱（门式专用箱、玻璃缸、塑料箱等）
- 网盖（搭配玻璃缸使用）
- 底材
- 荧光灯（观赏用，非紫外线灯）
- 电热片（使用与否根据室温高低而定）
- 加热灯（根据品种购买）
- 小水槽

▶ 缸内布置

　　蟾蜍是陆栖蛙类，且活泼好动，因此应选择宽敞的缸来饲养。底材材质因品种而异，但多数蟾蜍都喜欢偏干燥的环境，可以选用椰壳土、椰壳纤维粒、腐殖土或赤玉土等材料，再将底材部分润湿即可。对于居住在溪流中的湍蟾蜍，可以提高底土的湿度并布置一块水域。相反，对于喜欢干燥的美国绿背蟾蜍，则可以在缸底铺满赤玉土，只将部分土壤润湿即可。如果饲养的是黄斑蟾蜍，缸内布置就要参考树栖大型蛙类的布置方法，在缸里放一些躲避洞、花盆碎片等物件。饲养非洲红蟾及美国绿背蟾蜍等喜欢干燥环境、耐高温的物种，则需要在缸内一角安一盏灯，让它可以去那里取暖。

▶ 饲养要领

　　● 需要注意，蟾蜍长时间处在低温高湿的环境中会出现腹部红肿的症状。
　　● 蟾蜍比其他蛙类代谢更快，一定要经常清洁底土，及时取出粪便。

▶ 日常护理

　　蟾蜍代谢旺盛，喂食应少量多次（每日喂食），食物应以裹上钙粉的蟋蟀为主。

【缸内布置一例】

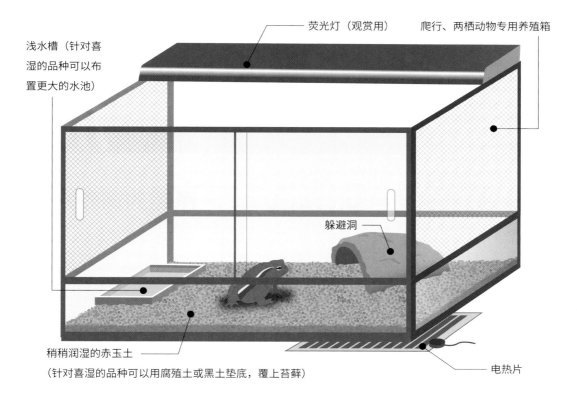

荧光灯（观赏用）　　爬行、两栖动物专用养殖箱

浅水槽（针对喜湿的品种可以布置更大的水池）

躲避洞

稍稍润湿的赤玉土

（针对喜湿的品种可以用腐殖土或黑土垫底，覆上苔藓）

电热片

　　蟾蜍也吃面包虫，但吃下之后往往会出现消化不良、营养不均衡等情况。而且蛙类吃东西时习惯直接吞咽，体型较大的面包虫颚部坚硬，很容易咬伤蟾蜍的胃。虽然洛可可蟾蜍等大型蟾蜍连小鼠都能吞下，但它们并没有与之相称的消化能力，因此不要频繁喂食小鼠。对于大型蟾蜍来说，蟑螂等大型昆虫才是其最佳选择。

　　蟾蜍中喜欢潮湿环境的品种不多，一般来说用小水槽和稍微润湿的底材补给水分即可。水槽里的水容易变脏，排泄物或蜕皮也时常落在里面，必须经常更换。每隔数日可喷雾加湿一次，干燥季节可每天夜间进行喷雾。总之，让水分润湿缸壁和底材中心即可，不应使缸内过于潮湿。

　　底材上的粪便要及时清理，每周或隔周要整体更换一次底材，同时把缸洗一遍。用过的底材即使看上去不脏，往往也已经吸收了排泄物，因此切忌多次使用。

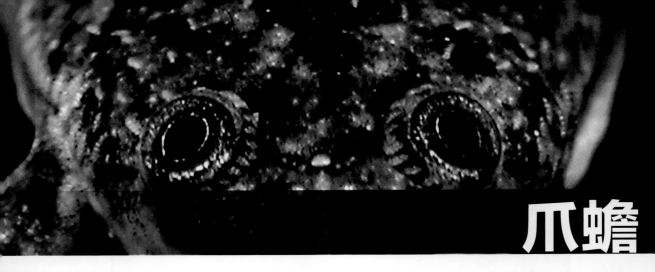

爪蟾

放点叶片等杂物。虽然它们都生活在水中，但还是有逃脱出来的能力，因此一定要在缸口加一张网盖。水中可以安装一台循环泵以过滤水体，但饲养蛙类的水体变脏很快，所以不能完全依赖循环泵的作用，还是要经常换水。

在室内环境下，饲养绝大多数爪蟾（非洲爪蟾除外）、负子蟾及小丑蛙蛙类时都需要加温，使水温保持在 25℃~28℃。而智利巨蛙反而喜欢凉爽的环境，冬季无须保温，夏季则需要把水缸放置在阴凉处防止水温过高，必要时还可以使用制冷器。

▶ 饲养要领

● 不同品种的爪蟾喜好的温度区间也不同，应注意调整。

● 为避免误食，缸底不应铺设粗砂。

▶ 日常护理

负子蟾蛙类身体上都有敏感的感受器，它们能通过感知水的波动侦测猎物，可以在水中投喂小鱼等活体食物让它们捕食。当然，把几条鱼一起丢进去它们也不会一口气吃

必需品

● 玻璃缸

● 网盖

● 荧光灯（观赏用，非紫外线灯）

● 加热管（使用与否根据室温高低和饲养种类而定）

● 供氧泵

▶ 缸内布置

爪蟾完全生活在水中，十分擅长游泳，且几乎不会上岸。因此可以用深水缸饲养，就像饲养热带鱼那样。缸底可以铺一层细沙，但要注意沙中不能含有粗大颗粒，因为它们可能被爪蟾误食，造成消化道阻塞。不同品种的爪蟾喜好不同的水质，爪蟾蛙类偏好中性水质，而负子蟾蛙类则喜好弱酸性水质。如果你养的是负子蟾蛙类，最好还要在水中

【缸内布置一例】

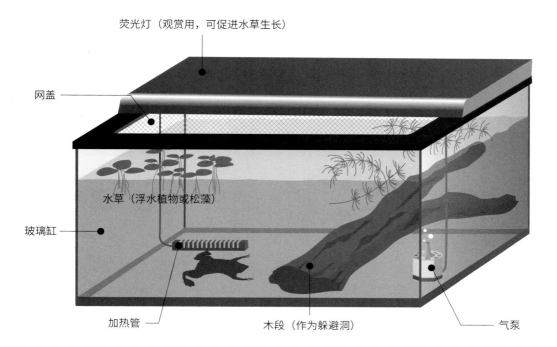

荧光灯（观赏用，可促进水草生长）

网盖

水草（浮水植物或松藻）

玻璃缸

加热管

木段（作为躲避洞）

气泵

爪蟾的饲养方法

完。一般经过几天甚至一周之后，小鱼数量才会明显减少，我们只需在这时投入几条小鱼作为补充即可。同时，小鱼也会为缸里增添生机，你会观察到小鱼渐渐学会躲避捕食的过程。智利巨蛙也喜欢吃活物，但需要主人用镊子把食物夹到它眼前晃一晃才行。它们食欲旺盛又不知节制，因此每次喂食必须控制食量。爪蟾蛙类（特别是非洲爪蟾）也喜欢吃人工饲料，可以选用沉水性肉食鱼饲料，隔日投喂。膜蟾蛙类不会捕食鱼类，可以与观赏鱼养在一个缸里。小丑蛙一般吃蟋蟀、鱼类及小鼠，且习惯直接从镊子上取食，但也能适应沉水性配合饲料。

蛙类的蜕皮和排泄物极易污染水体，在缸里饲养水栖蛙类需要经常换水。大部分爪蟾对温度变化不太敏感，所以换水时大可以整缸换掉。只有负子蟾蛙类对水温变化比较敏感，每次换水时只换 1/3 即可。有的朋友

认为可以把净水的任务完全交给循环泵，缸里的水虽然看上去是透明的，但水质其实已经很糟了，所以一定要每周定期换水。

日本雨蛙

部分品种饲养方法⑤

日本雨蛙的饲养方法
（小型树栖蛙类）

必需品

- 养殖箱（门式专用箱、塑料箱等）
- 木段或树枝
- 观叶植物
- 底材
- 荧光灯（观赏用，非紫外线灯）
- 网盖
- 电热片（使用与否根据室温高低而定）
- 小水槽

▶ 缸内布置

　　日本雨蛙等小型树栖蛙类虽然体型细小，但有着超出人们想象的活动能力。饲养时可以用小号塑料箱，也可以用大箱把几只养在一起，并在里面布置一些观叶植物，这种饲养方式特别适合非洲树蛙以及树栖习性较强的猴树蛙。箱子要选择高一些的，方便它们上下攀爬，条件允许的情况下可以使用前开门式爬行及两栖类动物专用箱。箱内要布置一些木头、树枝等杂物或多叶植物，作为其活动及休息的场所。如果箱子太小放不下整株植物，可以放一些剪短的绿萝，绿箩只要有水就可以保持常青。想要再简便一点还可以布置些假花叶，总之要为它们制造一个隐蔽的环境。

　　底材最好选用保湿性好且不粘皮肤的材料，例如润湿的腐殖土或椰壳土上覆干燥苔藓的布局就很好。这样的布局既可以避免蛙类直接接触泥土，又能起到保湿的作用。

　　水域自然也是必需的，面积不用太大，能容下蛙的全身后略有空余即可。需要注意的是，幼年猴树蛙并不擅长游泳，进入深水后往往蹬不上岸。如果你养的是猴树蛙，必须在水里放几根水草或人工植物作为它的支点，关键时刻可以防止其溺死。

【缸内布置一例】

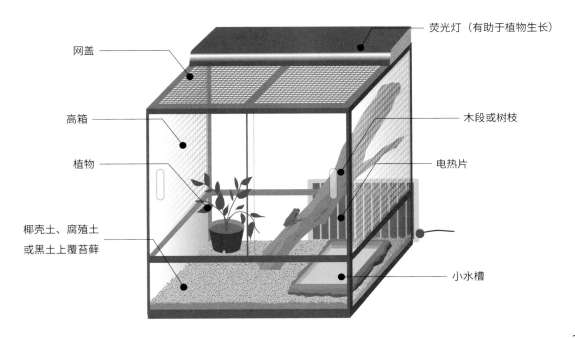

网盖

荧光灯（有助于植物生长）

高箱

木段或树枝

植物

电热片

椰壳土、腐殖土
或黑土上覆苔藓

小水槽

▶ 饲养要领

● 雨蛙食量惊人，喂食时要控制食量。

● 养殖箱易脏，要经常打扫。

● 小箱内容易发生干湿失衡，必要时可以通过喷雾或更换网盖材质来调整箱内湿度。

▶ 日常护理

小型树栖雨蛙和非洲树蛙都是食欲旺盛、代谢也旺盛的物种。别看它体格小，食量可一点都不输给大型蛙类，同时其频繁的排泄也使得缸内极容易变脏。因此喂食它们时宜少量多次，或者多量少次，频度保持每日一次或隔日一次即可，每次喂食一夜就能吃完的量，食物以小型蟋蟀为主。但由于它们的嘴能张开很大，只要是与它的头部宽度相当的昆虫就都能吃进去。喂之前还可以在昆虫身上粘上钙粉，以达到补钙的效果。

树栖蛙类习惯在干燥的夜里闭着眼，静静地待着不动，这时我们就应该打开喷雾器给缸内加湿。夜里关灯之后喷雾器也可以一直开着，只要雾气温度不是太冷，即使直接吹在蛙类身上也没关系。当它们的身体润湿之后就会开始排尿，并睁开眼睛，这就说明我们的喷雾起作用了，促进了它的代谢活动。

雨蛙吃得多，排泄自然也多。主人必须经常清理底材和缸壁上粘着的粪便，如果放置不理，它们在肮脏的环境里就会逐渐不爱活动了。因此，只要是看见的污物都要随手清理，最好每两周全面更换一次底材，并整体清洗一遍缸体。

红眼树蛙

部分品种饲养方法⑥ **红眼树蛙的饲养方法**
（大中型树栖蛙类）

必需品

- 养殖箱（门式专用箱、塑料箱等）
- 木段或树枝
- 观叶植物
- 底材
- 荧光灯（观赏用，非紫外线灯）
- 电热片（使用与否根据室温高低而定）
- 照明灯（部分品种需要）
- 水槽

▶ 缸内布置

　　饲养大中型树栖蛙类需要更大的设备。它们弹跳力强，需要更开阔的活动空间，且对空气流通的要求更高，最好选用侧壁有网眼的箱子。特别是对于绿雨滨蛙、蜡白猴树蛙等品种来说，它们更喜欢昼间略干燥的环境。树栖蛙类常依靠晒太阳来提高体温，因此我们可以在缸内一角装一盏功率不大的照明灯，这样它们就可以拥有一片"日光浴场"

了，这盏灯在夜间可以关掉。关于保温，只要不是冬季严寒期，一般不需要特别的加温措施，保持室温就可以了。寒冷地区可以在缸壁上贴一块电热片，以保证最低温度。只要夜间温度不低于15℃，大多数的树栖蛙类就完全能够生存。有些北美地区、马达加斯加、日本产的树栖蛙类，甚至在温度低于10℃时还能照常活动和觅食。

　　由于树栖蛙类体型较大，所以也要选择相应较大的观叶植物摆在缸里，最好选择枝干、叶柄粗壮的植物，茎上无刺、叶片大而密集的植物是最合适的。如果没有放真植物的条件，用假植物也没问题。除此之外，我们还可以用树枝、木段、树皮等杂物给它们搭一个活动场地。这些东西尽量不要扎堆，最好分开摆放，留出一定的空地。底材一般使用润湿的椰壳土或腐殖土，覆上干燥的苔藓。对于喜欢干燥的蜡白猴树蛙、绿雨滨蛙、墨西哥叶蛙等品种，还可以在地面铺吸水纸，只不过吸水纸容易脏，必须经常更换。水槽必须大而坚固。

【缸内布置一例】

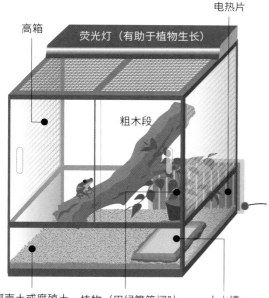

电热片

高箱

荧光灯（有助于植物生长）

粗木段

椰壳土或腐殖土　植物（用绿箩等阔叶植物充当休息场所）　大水槽

▶ 饲养要领

● 不同品种的树栖蛙类各有偏爱的食物，选择饲料时要根据品种决定。

● 除喜干品种外，其他品种夜间都要开喷雾器加湿，从而使它睁开眼睛。

▶ 日常护理

喂绿雨滨蛙、墨西哥叶蛙等食欲旺盛的品种时可以直接用镊子夹着喂，这样比较容易控制食量，也可以将没吃完的昆虫放置在缸里，这些昆虫乱跑可以惊扰蛙类。不过这种方法不适用于红眼树蛙、衣笠树蛙等生性胆小的蛙类，喂它们时直接把昆虫扔进缸里让它自己吃就好了。唯一要注意的是，红眼树蛙和猴树蛙行动迟缓，喂虫子前先要把虫子的脚摘掉，放进容器（不透明陶碗）里喂食。红眼树蛙喜欢吃小型昆虫，如果发现它不爱吃虫了，不妨把虫子的触角、翅膀、四肢摘掉后再试一试。喂食频率以每隔一两天一次

为宜，墨西哥叶蛙等品种吃得太多容易患脱肛等消化道疾病。

树栖夜行性蛙类习惯每天都去水里泡一泡，水槽里的水容易混有很多排泄物，故而脏得很快。一旦水变脏它们就不喜欢再下水了，因此水槽里的水最好每天一换。晚上关灯后可以在缸里洒一点水增加湿度，如果这时观察到它排尿了，说明它正在排出体内的水分。如果发现它只是睁开眼却并不排尿，那么它很可能马上会再次睡去，整夜都不再活动。

缸里的污物要随见随清，并保持每周更换一次底材和清洗一次缸体。如果缸底铺的是吸水纸，那就必须每天更换。

237

红眼树蛙的饲养方法

狭口蛙

狭口蛙的饲养方法
（穴居蛙类）

必需品

- 养殖箱（塑料箱）
- 底材
- 荧光灯（观赏用，非紫外线灯）
- 电热片（使用与否根据室温高低而定）
- 水槽

▶ 缸内布置

　　饲养穴居蛙类的方法是共通的，从体型小巧的锄足蟾到大块头的狭口蛙、锥吻蟾等品种都能适用同种饲养方法，其中大部分品种都可以用大号塑料箱饲养。

　　底材的材料和湿度是最重要的，每个物种都有自己的嗜好。锄足蟾喜欢赤玉土等颗粒较大的土壤，穆氏革背蛙喜欢椰壳土等细粒土壤，短头蛙、肩蛙、牛眼蛙蛙类则最喜欢黑土。其他的狭口蛙和锄足蟾一般都可以用腐殖土或椰壳土与苔藓的混合土壤来饲养。底材应保持轻微潮湿，如果养的是短头

蛙、锄足蟾、穆氏革背蛙等品种，则需要准备干燥厚实的底材，润湿 1/3 ～ 2/3 的面积即可。

　　穴居蛙类生活在地下，所以缸内一般不需要其他摆设。不过有的品种更喜欢在岩石、倒木等地面物体下休息，那就可以在缸内放置一些相应的杂物。它们习惯在夜间爬出地表到水中泡一泡，因此水槽是必需的。这里要注意的是，短头蛙并不擅长游泳，甚至有可能淹死在水中，所以最好给它准备一个泡满湿润苔藓的水槽。

▶ 饲养要领

- 穴居蛙类一般头部较小，因此应喂食小块食物。
- 如果底材湿度不合适，它们就会一直待在地上。如果在饲养中发现这种情况，那就需要调整底材的湿度了。

【缸内布置一例】

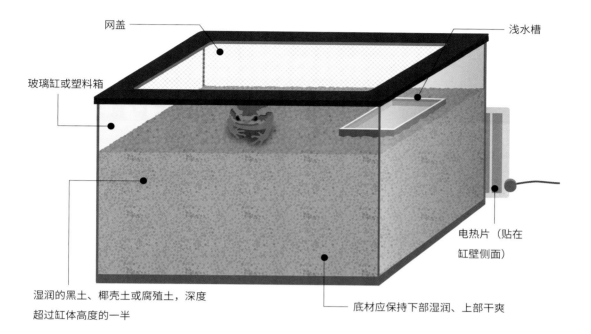

网盖

浅水槽

玻璃缸或塑料箱

电热片（贴在
缸壁侧面）

湿润的黑土、椰壳土或腐殖土，深度
超过缸体高度的一半

底材应保持下部湿润、上部干爽

狭口蛙的饲养方法

▶ 日常护理

穴居蛙类一般吃小型昆虫，特别是穆氏革背蛙、锥吻蟾等品种，别看它们体型很大，但却主要以细小的白蚁为食。在饲养它们时，可以喂食蟋蟀的二龄幼虫。短头蛙也可喂食蟋蟀的初龄至二龄幼虫。其他品种虽不用如此严格，但也要喂小体型的昆虫，喂食频率以每隔数日一次为宜。短头蛙可以每周一喂，喂食时在缸里撒几只蟋蟀，它会在几天之内陆续吃掉。

如果地表湿度不够，穴居蛙类往往就会一直待在地下，例如锄足蟾和短头蛙。它们习惯在夜间到地面上来活动，但如果地面湿度不够，它们就会进入休眠状态。每次喂食之后我们可以洒一些水在土壤上，促使它们爬出来吃东西。即使不喂食时也可以打开喷雾器为缸内加湿，总之土壤表面应一直保持湿润。不过如果你养的是锥吻蟾或穆氏革背蛙，它们本就不经常在地上露面，所以即使不出来也不必担心。

狭口蛙等穴居蛙类代谢速度比其他陆栖蛙类要慢，但它们习惯在夜间进入水槽排泄，因此最少也要每两天换一次水。由于它们居住在洞穴，所以我们很难从外面掌握土壤的卫生状况，保证每月整体更换一次底材即可。

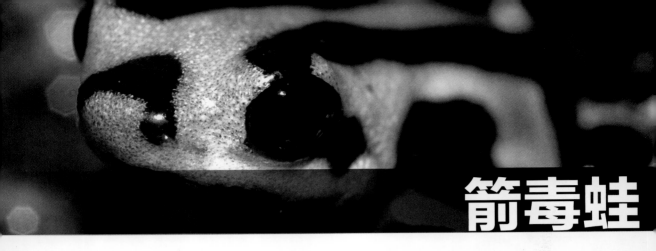

箭毒蛙

部分品种饲养方法⑧　箭毒蛙的饲养方法

必需品

- 养殖箱（前开门式专用箱）
- 底材
- 观叶植物
- 软木、木段、桫椤板等杂物
- 荧光灯（观赏用，非紫外线灯）
- 电热片（使用与否根据室温高低而定）
- 水槽

▶ 缸内布置

　　来自中南美洲的箭毒蛙科蛙类及马达加斯加的代表物种曼蛙科蛙类都是小型蛙类，以小型昆虫为食，过着半树栖生活。饲养这些蛙类时，可以在缸内布置观叶植物来模仿它们的野外生存环境。如果用小箱子来养这些代谢旺盛且活泼的蛙类，不仅它们的健康得不到保证，饲养的乐趣也会大打折扣。饲养这些体色鲜艳的蛙类时，一大乐趣就是观察它们在植物间活动的场景。如果你嫌在缸内种植植物过于麻烦，也可以在里面摆放几株盆栽植物或寄生植物。

　　养殖箱可以选用前开门式的爬行及两栖动物专用箱，要注意箱体上往往留有接电线的孔，一些体型小巧的蛙类很可能从这里逃出去，最好用棉纱把孔堵住。如果你想在缸内底土上种植植物，可以用浮石等排水通气性能良好的材料垫底，再覆上苔藓，这样植物的根比较容易往下扎，排泄物也可以自然降解。再复杂一些，可以在底土的最底层铺设漏水管，使上方渗下来的污水直接排出缸外。当然，如果没有条件摆弄这么复杂的缸，也可以按普通的布局设置，再放几株盆栽或寄生在木段上的植物，只要定期清理更换底土就可以了。树栖蛙类攀爬能力较强，我们还可以在缸壁上挂一些桫椤板供它们活动，并在地面放置一些破瓦片作为其躲避洞。

【缸内布置一例】

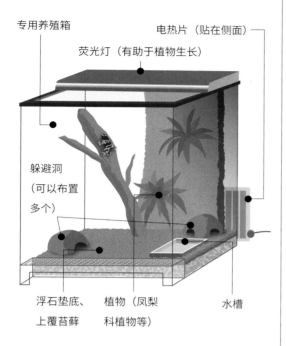

专用养殖箱

电热片（贴在侧面）

荧光灯（有助于植物生长）

躲避洞
（可以布置
多个）

浮石垫底、　　植物（凤梨　　　水槽
上覆苔藓　　　科植物等）

　　如果在缸内种植植物，就要考虑到植物存活的问题，我们可以装一盏荧光灯以促进其生长。而且箭毒蛙是昼行性动物，喜欢在明亮的环境中活动，灯对它们来说也是必需的。关于要不要紫外线灯的问题人们观点不一，有人认为需要，有人认为不需要。现在市面上的一些荧光灯光中含有少量紫外线，使用这些灯照明对蛙类完全没有影响。如果缸中有足够多的叶片作为躲避洞，即使开强紫外线灯也是没有问题的。缸内温度应大致保持在25℃，夜间则要稍稍调低。如果房间里有空调的话，可以用空调调节环境温度；如果没有空调，冬季可以在缸壁侧面贴一块电热片，夏季可以用电风扇吹拂缸体。每种蛙类各自喜好的温度范围不一，曼蛙科蛙类不耐高温（一般应保持在23℃以下），对低温的耐受力却极强，冬季在一般的室内环境下并不用特意加温（寒冷地区除外）。

▶ 饲养要领

● 箭毒蛙科蛙类应喂食小型昆虫，如蟋蟀幼虫、果蝇等。

● 环境温度变化不要过大，保证适宜的环境温度。

▶ 日常护理

　　虽然饲养箭毒蛙等蛙类的养殖箱的布置看上去很难，但实际上最难的是要定期买到小型昆虫作为饲料，如果顺利解决了这个问题，其他的反而并不麻烦。市面上果蝇并不常见，有的人甚至在箭毒蛙专营店里买来果蝇亲本自己繁育。有些体型更小的品种专门吃跳虫等特殊昆虫，这就更难获取了。而且它们代谢旺盛，基本每天都要进食。叶毒蛙和曼蛙虽然也是小型蛙类，但捕食方式与箭毒蛙并不相同，所以它们可以吃体型较大的昆虫（可喂食蟋蟀的三龄幼虫）。

　　饲养箭毒蛙及其近似物种时，需要每天进行两次喷雾以模仿降雨。喷雾除了可以补充水分以外，还能让它们更加活泼。现在有一种带定时器的缸内自动降雨装置，装好之后就可以按时自动喷雾了。这种东西只在箭毒蛙专营店里出售，有兴趣的话可以去问一问。缸内种植植物虽然能起到净化环境的作用，但还是要定期打扫缸内卫生，更换底材。如果蛙类数量和植物数量比例协调，排泄物在一定周期内就能自我降解，从而大大减少人工清洁的频率。

241

箭毒蛙的饲养方法

两栖鲵

两栖鲵的饲养方法
（水栖有尾目）

必需品

- 养殖箱（玻璃缸）
- 网盖
- 躲避洞
- 底材（有无均可）
- 供氧泵
- 荧光灯（观赏用）

世界两栖动物图鉴

▶ 缸内布置

　　两栖鲵与鳗螈都是完全生活在水中的有尾目动物，饲养方法与观赏鱼相近，可以用玻璃缸深水饲养。为防止其逃出，最好再加个网盖。水栖有尾目主要用鳃呼吸，因此需要用供氧泵增加水中含氧量。缸底砂铺不铺都可以，只是有一部分品种习惯水底有砂的环境，要铺的话尽量选不影响水质的玻璃砂或魔法泥。它们有躲藏在隐蔽处的习性，有必要在水中放置一个躲避洞，其形状要适合其体形，最好是细长的管状物，大型个体可以直接用截断的 PVC（Polyvinyl chloride,

聚氯乙烯）管。如果没有可栖身的躲避洞，它们往往会不停地试图逃脱。除躲避洞外，水草也是减轻它们焦虑情绪的好东西。

　　水温不要过低，保持正常室温即可。两栖鲵和鳗螈都生活在美国南部，那里虽然也有四季之分，但冬季比较温暖。如果你住在寒冷地区，那么冬季严寒期还是有必要用电热片加热养殖箱的。两栖鲵本身不需要照明，但为了方便观察我们也可以装一盏灯。

▶ 饲养要领

- 水栖有尾目可以长到很大，选择玻璃缸时尽量选择大的。
- 两栖鲵性格暴躁，颚部强壮有力。打扫卫生时，如果突然把手伸到它面前，很可能会被咬伤。想要抓它的时候最好用网捞，不要把手直接放在它面前。

【缸内布置一例】

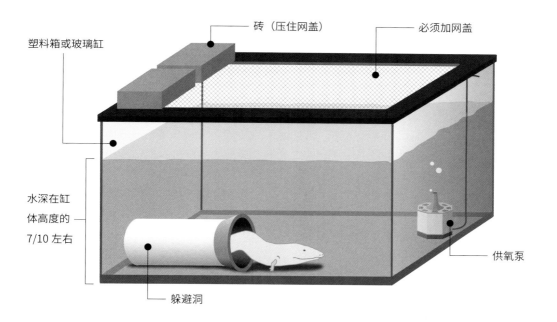

塑料箱或玻璃缸

砖（压住网盖）

必须加网盖

水深在缸
体高度的
7/10 左右

供氧泵

躲避洞

▶日常护理

　　在野生环境下，两栖鳉和鳗螈主要以鱼类或甲壳类、贝类为食，饲养状态下一般喂食金鱼或泥鳅。有的人也喂螯虾，但螯虾在被捕食时会激烈反抗，而且容易把水弄脏。最常见的喂法是把鱼或沉水性观赏鱼饲料投入水中，任由它自己去吃。幼体及拟鳗螈则要喂食蚯蚓或红虫。喂食间隔可以长一些，一周两次就差不多了。如果喂食太频繁，不仅水脏得快，它们的食欲也会越来越不振。

　　每 1~2 周需要换水一次，换水时剩下2/3 原来的水。如果铺了底砂，同时还应把水泵清理一次。

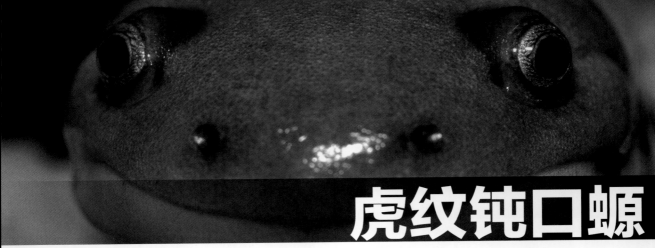

虎纹钝口螈

虎纹钝口螈的饲养方法
（陆栖有尾目）

世界两栖动物图鉴

必需品

- 养殖箱（塑料箱或玻璃缸）
- 网盖（搭配玻璃缸）
- 躲避洞
- 底材
- 水槽
- 荧光灯（观赏用）

▶缸内布置

　　虎纹钝口螈及火蝾螈等大中型有尾目动物都在地面活动，几乎不会有攀爬行为。因此可以选用底面积大的矮箱，其长边为虎纹钝口螈身长的 1.5~2 倍即可。它们很少去攀爬玻璃缸光滑的缸壁，但以防万一还是要加一个网盖。对于红瘰疣螈、火蝾螈等喜欢干燥环境的品种，底材可以选用干燥的苔藓，略微保持湿度即可。除了苔藓，两栖动物专用的魔法泥也不错，我们可以直观地看见其湿度情况。缸里可以摆半个花盆作为它们的躲避洞，市面上也有现成的躲避洞出售。虎纹钝口螈不太容易受惊，没有躲避洞也没关系，只不过有时会往土里钻。虽然它们是陆栖动物，但习惯经常下水"泡澡"，我们可以在缸里放一个水槽，其底面积能容纳虎纹钝口螈的全身即可。水深应与它的身高相当，太深了它可能爬不出来。

　　大部分虎纹钝口螈和火蝾螈都不需要保温，唯一特殊的是红瘰疣螈，在室温低于 10℃时需要适当保温。大部分品种对高温也不甚敏感，只有虎纹钝口螈的一部分亚种比较怕热。夏季时可以用许多手段降温，可以开空调降低室温，也可以在缸里多放几个躲避洞，并用电风扇吹拂缸内，还可以把缸浸泡在冷水中降温，或者把它转移到空的塑料盒中并放进冰箱。如果气温不是很高，只需把缸挪到阴凉处即可。虎纹钝口螈本身不需要照明，但为了观察方便我们也可以装一盏灯。

【缸内布置一例】

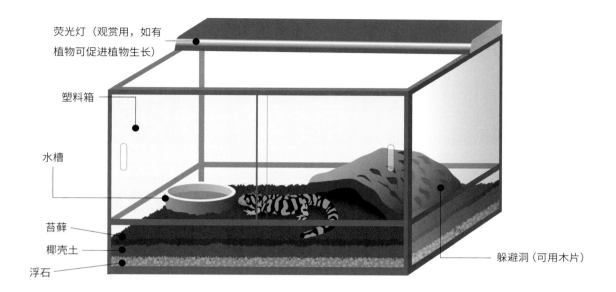

荧光灯（观赏用，如有植物可促进植物生长）

塑料箱

水槽

苔藓

椰壳土

浮石

躲避洞（可用木片）

▶ 饲养要领

● 底材应保持清洁，即使看起来不脏，也应两周更换一次。

▶ 日常护理

虎纹钝口螈及其近亲的食欲很大，一般喂食蟋蟀，喂食时甚至会主动扑上来吃，大型昆虫也能吃下。火蝾螈属中的一些物种对喂食不太敏感，这时可以把昆虫投入缸内让它自己去捕食，第二天再观察情况。它们不太容易捉到运动迅速的昆虫，所以喂之前要把虫子的后肢摘掉。有尾目动物代谢缓慢，可每隔数日喂食一次。红瘰疣螈代谢尤其慢，可每周喂食一两次。冠欧螈和陆栖理纹冠欧螈需要喂食泡软的龟饲料，喂食时用镊子夹到它面前晃动即可。

虎纹钝口螈是有尾目中代谢比较旺盛的物种，因此水槽脏得很快，至少隔日应换一次水。其他品种也需要隔几天换一次水。底材更换频率由各品种的代谢速度决定，饲养

虎纹钝口螈等代谢快的品种要经常清扫、更换底材，饲养代谢慢的品种每月更换一次底材即可。

墨西哥钝口螈

必需品

- 养殖箱（玻璃缸）
- 网盖
- 躲避洞
- 底材（有无均可）
- 水草
- 供氧泵
- 荧光灯（观赏用）

▶ 缸内布置

墨西哥钝口螈和泥螈都是水栖动物，基本的饲养方法可以参照两栖鲵和鳗螈。它们在野外时生活在低温且水中含氧量高的环境中，生存环境与肥鲵和肥螈比较接近（虽然二者在分类学上关系很远），饲养方法也完全通用。

饲养墨西哥钝口螈可以使用深水缸，并用供氧泵提高水中含氧量，用水泵制造水流，以模仿野外高含氧量的溪流环境。缸底铺不铺砂均可，考虑到砂中容易藏入污垢，对于水质要求较高的钝口螈来说还是不铺为好。钝口螈和泥螈基本不会跃出水面，所以缸口可以不加盖。考虑到它们喜暗的习性，缸底需要布置一些躲避洞，最好是细长的管状物。其实墨西哥钝口螈完全习惯人工饲养环境，即使缸里什么都不放它也能活得怡然自得。

由于钝口螈适应冷水环境，所以冬季不必特意保温，最需要注意的是夏季降温。一般的方法有用电风扇吹拂水面降温，或者在水中放入制冷器，最简单是把缸放在接近地面的阴凉处自然降温。照明设备不是必需品，但可以装一盏灯方便观察。

【缸内布置一例】

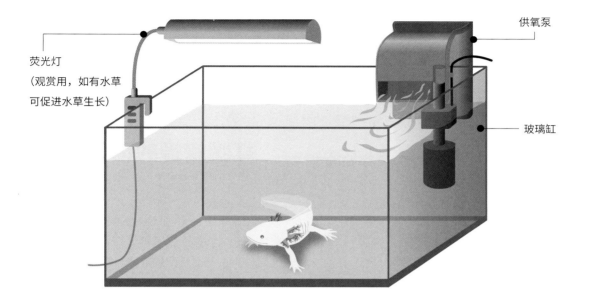

荧光灯
（观赏用，如有水草
可促进水草生长）

供氧泵

玻璃缸

▶ 饲养要领

　　● 墨西哥钝口螈对水中含氧量的要求较高，一定要安装供氧泵。

　　● 墨西哥钝口螈喜欢清凉洁净的环境，因此要经常换水。

▶ 日常护理

　　墨西哥钝口螈非常好养活，喂食沉水性观赏鱼饲料即可。近年来市面上也出现了钝口螈专用饲料，不妨尝试一下。泥螈和水栖大鲵有时不爱吃人工饲料，这时可以试试鱼类或藻虾、蚯蚓等活物。它们代谢很慢，每周喂食一两次足矣。

　　许多钝口螈和泥螈对水质恶化极为敏感，每隔数日就必须更换缸内 1/3 的水。刚开始养的个体如果生活在不洁净的水质中，鳃部往往会出现霉菌状病变。它的体表受伤后极易感染水霉菌，因此水质管理十分重要，一定要使用循环泵保持水质清洁。

红腹蝾螈

必需品

- 养殖箱（塑料箱、玻璃缸）
- 网盖（搭配玻璃缸）
- 水草（作为水下支撑点）
- 底砂（有无均可）
- 荧光灯（观赏用）

▶ 缸内布置

　　红腹蝾螈以及一部分疣螈（欧洲产水栖品种）可以用水缸饲养，水中要放一些水草作为它们的水下支撑点。水草尽量选择蜈蚣草、金鱼藻等不易死亡的品种，也可以买人工水草。大多数品种对水质的要求都不高。

　　红腹蝾螈基本都在水缸中活动，偶尔会爬上陆地，我们可以给它准备一个浮岛，或者在缸内一角用砂砾堆出一块陆地。要注意的是，它们能爬上缸壁，所以一定要加网盖。底砂可有可无，如果为了好看想铺的话，尽量选择玻璃砂、石块、魔法泥等不影响水质的材料。

　　照明设备同样可有可无，如果缸里放了水草，可以装一盏灯以促进其生长，而且有灯的话观察起来也更方便。灯具用普通的荧光灯即可，不必专门找含紫外线的灯。

▶ 饲养要领

　　● 缸内同时饲养多条红腹蝾螈时，水体会因为蜕皮多而脏得很快。除了勤换水之外，平时也应该随时用捞网把死皮打捞上来。

　　● 如果有个体的四肢被同伴咬伤，可以把它隔离起来静养。红腹蝾螈的自我修复能力很强，一般经过隔离之后都能恢复。

【缸内布置一例】

荧光灯
（观赏用，如有水草
可促进水草生长）

网盖

玻璃缸或塑料箱

水草（松藻）

供氧泵

木段

水深为缸体高度的 1/3 左右

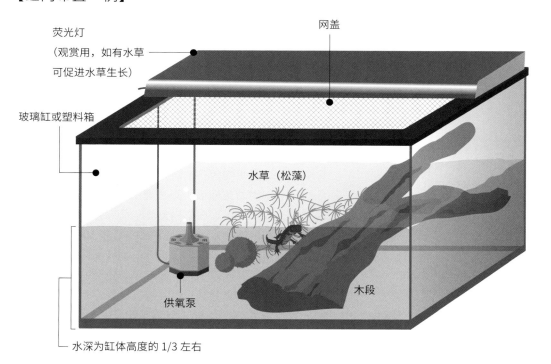

▶ 日常护理

多数半水栖蝾螈可以喂食沉水性观赏鱼饲料，饲料颗粒大小要符合蝾螈自身情况。此外还可喂食干红虫或干蚯蚓，不喜欢吃人工饲料的蝾螈可以喂食活蚯蚓。喂食频率保持在数日一次即可，具体可根据饲养条数和个体大小决定，要注意喂食过于频繁会使它过度肥胖。蝾螈的代谢速度不快，基本保证每周一次或两周一次的换水频率即可。每次换水时要整缸换掉，同时清洗一遍缸体。

暗斑钝口螈

暗斑钝口螈的饲养方法
（陆栖、湿润环境有尾目）

必需品

- 养殖箱（塑料箱、玻璃缸）
- 网盖（搭配玻璃缸）
- 躲避洞
- 底材
- 水槽
- 荧光灯（观赏用）

250

世界两栖动物图鉴

▶ 缸内布置

这一类生物体型多为中小型，可以用塑料箱饲养。用玻璃缸饲养时一定要加盖网盖，因为它们有攀爬缸壁的能力。粘滑螈与金丝河溪螈的体型非常细小，要注意防止它们从缝隙中逃脱。缸底可以铺一层砂砾或魔法泥，上覆湿润的苔藓，最上层可以再铺一层落叶。有些物种习惯挖洞居住，有的则在地面选择躲避洞，要根据自己养的物种的习性来确定缸内是否需要躲避洞。由于该种类蝾螈体型普遍较小，因此用木片、碎花盆块作为躲避洞即可。对于一些生性胆怯的物种

来说，底材和躲避洞还是非常重要的。缸内应放置一个浅而宽阔的水槽，虽说它们是陆栖物种，但也经常需要下水"泡澡"（特别是红土螈以及日本产的大鲵科物种）。这一类生物大多怕热不怕冷，寒冷季节它们反而精力更旺盛。要注意的是夏季的防暑措施，具体可以在缸内多放一些躲避洞，并用电风扇吹拂缸内，或者把缸浸泡在冷水中降温。酷暑时可以把暗斑钝口螈转移到空的塑料盒里并放进冰箱。最简单有效的方法是用空调直接降低室温，并将缸放在贴近地面的通风阴凉处。

照明设备不是必需品，而且夏季时在缸内开灯会大大提高缸内温度，应尽量少用。

【缸内布置一例】

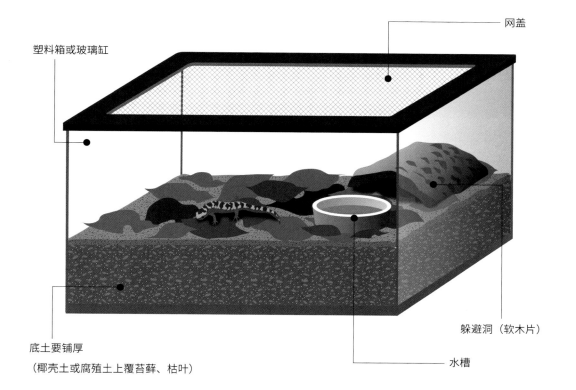

网盖

塑料箱或玻璃缸

躲避洞（软木片）

水槽

底土要铺厚

（椰壳土或腐殖土上覆苔藓、枯叶）

▶ 饲养要领

● 底土应保持清洁，即使没有明显污物也要定期更换。

▶ 日常护理

暗斑钝口螈及其近似物种都可喂食小型昆虫。暗斑钝口螈及鼹钝口螈等体型较大的物种也可以吃稍大的昆虫。粘滑螈属物种习惯用舌头粘取食物，因此喂食的昆虫最好不超过它头部的一半大小。大多数物种都不习惯将食物递到眼前的喂食方式，因此把昆虫投入缸中让它自己去吃即可。而大鲵科物种食欲很大，喜欢吃泡软的龟饲料，也接受人工投喂。喂食频率保持在每周两次即可，一些食量小的物种可以每周喂一次。夏季气温高时它们往往吃得少，有时还会进入休眠状态。它们的代谢速度很慢，每月换一次底土即可，换土时要把缸也清洗一遍。水槽里的水即使看上去不脏也要每隔数日一换。

必需品

- 养殖箱（塑料箱）
- 底材
- 电热片（使用与否根据室温高低而定）
- 水槽

▶ 缸内布置

　　所有蚓螈都过着完全的穴居生活，因此缸内布置可以参考穴居蛙类。使用塑料箱或玻璃缸饲养均可，用玻璃缸饲养的话要加装网盖以防其逃脱。缸底可以铺腐殖土与苔藓的混合物，并保持较高湿度。蚓螈习惯在地下挖掘隧道和巢穴，因此底材最好选择不易坍塌的土。

　　蚓螈主要生活在热带及亚热带地区，十分不耐低温。当室温低于 18℃时就要适当提高室温，或者在缸壁侧面贴上电热片保温（不要贴在底面，这样会造成土壤整体温度上升，蚓螈会钻出地面）。以上两种方法中最好的还是提高室温，即间接保温。蚓螈不

会像蛙类一样在水槽中排泄和活动，但水槽可以保持缸内湿度，还是常设为好。

▶ 饲养要领

- 要注意保持底材湿度。
- 蚓螈不耐低温，应注意保温。
- 蚓螈皮肤分泌物的毒性较强，最好戴手套接触，而且养过蚓螈的缸不能紧接着再养其他动物。

蚓螈

【缸内布置一例】

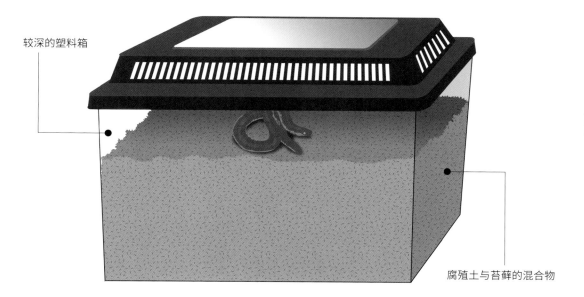

较深的塑料箱

腐殖土与苔藓的混合物

▶ 日常护理

蚓螈吃昆虫，但又很难捉到运动迅速的昆虫，所以必须先把昆虫的触角和四肢摘掉再喂，喂之前最好先挤压一下昆虫的胸部，使其濒死不能活动。此外，蚯蚓也是蚓螈喜欢吃的食物，可以买现成的，也可以自己挖。自己挖时注意不要在喷过农药的地方挖。喂食不用太频繁，每隔几天喂一次即可。由于它生活在地下，所以从土表很难观察底土的卫生情况，好在蚓螈代谢速度较慢，大概每月更换一两次底土即可。

两栖动物
身体部位标注

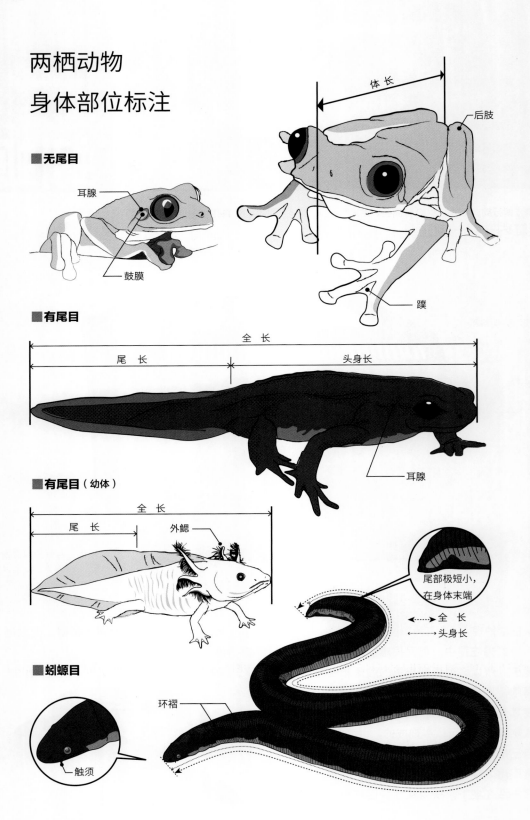

■ 无尾目

耳腺

鼓膜

体长

后肢

蹼

■ 有尾目

全长

尾长

头身长

耳腺

■ 有尾目（幼体）

全长

尾长

外鳃

尾部极短小，在身体末端

全长

头身长

■ 蚓螈目

触须

环褶

● 《爬行类、两栖类视觉指南 箭毒蛙》
（松园纯 著 / 诚文堂新光社）

● 《爬行类、两栖类视觉指南 蝾螈·小鲵大类》
（山崎利贞 著 / 诚文堂新光社）

● 《水族箱》月刊（海洋企划）

● 《生态缸指南》（海洋企划）

● 《爬行类》（爬行社）

● EXTRA CREEPER（诚文堂新光社）

● 《爬行类、两栖类 800 种图鉴》（PIECES）

● 《爬行类、两栖类写真图鉴》（日本时尚社）

● BIBLE（橱窗社）

● BIBLE II（橱窗社）

● BIBLE III（橱窗社）

● 《濒危动物红皮书》（讲谈社）

● 《世界和日本蛙类大图鉴》（PHP 研究所）

● 《两栖类的进化》（松井正文 著 / 东京大学出版会）

● 《马达加斯加的动物 精妙的适应辐射现象》
（山岸哲 编 / 裳华书房）

● 《朝日百科周刊·动物们的地球 5 爬行类两栖类》

● 《蛙类》（田向健一 著 / 诚文堂）

● 《四川两栖类原色图鉴》
（ Chengdu Institute of Biology,the Chinese
Academy of Sciences：中国林业出版社）

● FROGS AND FROGGING in Southern Africa
(Vincent Carruthers: STRUIK)

● The Colour Handbook of the Amphibians of
SICHUAN (FEI Liang YE Chang-yuan)

● AMPHIBIANS & REPTILES of MOUNT
KINABARU (A.R.G. Gantner Verlag K.G)
AMPHIBIANS & REPTILES of NEPAL
(A.R.G. Gantner Verlag K.G)

● Treefrogs of Africa (Arne Schiøtz: Chimaira)

● Amphibians and Reptiles of Madagascar
(Friedrich-Wilhelm Henkel and Wolfgang
Schmidt: KRIEGER)

● TERRARIEN ATLAS Band 2
(Dr.Hans-Joachim Herrmann: MERGUS)

● The Audubon Society Field Guide to North
American Reptiles & Amphibians (Knopf)

● SCHLAMM SCHILDKRÖTEN
(Natur und Tier-Verlag GmbH)

● The Audubon Society Field Guide to
North American Reptiles and Amphibians
(Behler and King: Knopf)

● REPRILES AND AMPHIBIANS
OF THE AMAZON
(R.D.Bartlett and Patricia Bartlett: UPF)

● Amphibians and Reptiles of the
Hashemite Kingdpm of Jordan
(Ahmad M.Disi, David Modry, Petr Necas,
Lina Rifai: Chimaira)

● The Amphibians and Reptiles of the
Western Sahara
(Philippe Geniez, Jose Antonio Mateo, Michel
Geniez, Jim Pether: Chimaira)

● A Guide to the Reptiles and
Amphibians of Egypt
(Sherif baha El Din: The American University
in Cairo Press)

● AMPHIBIANS AND REPTILES OF
BAJA CALIFORNIA
(Ron H.McPeak: SEA CHALLENGERS)

● A Field Guide to the Amphibians and
Reoptiles of Madagascar
(Frank Glaw and Miguel Vences)

● Colored Atlas of Chinese Amphibians
(FEI Liang·YE Changyuan·JIANG jianping /
四川科学技术出版社）

● SALAMANDERS OF SOUTHERAST
(Joe Mitchell and Whit Gibbons / The
University of Georgia Press)

著 海老沼刚

1977 年出生于日本横滨，爬行、两栖动物专营店 ENDLESS ZONE 的店主。著有《 爬行、两栖动物图鉴 蜥蜴①》以及同系列的《 蜥蜴②》《 蛙①》《 蛙②》《 水栖龟①》《 水栖龟②》《 爬行、两栖动物饲养指南 壁虎》《 爬行、两栖动物完美指南 变色蜥蜴》，以及同系列的《 水栖龟》《 爬行、两栖动物大图鉴 1000 种》《 世界爬行动物图鉴》(诚文堂新光社)、《 爬行、两栖动物 1800 种图鉴》(三才 BOOKS)、《 青蛙大百科》(Marine 企划) 等多部书籍。

编辑、摄影 川添宣广

1972 年生于日本川越。从早稻田大学毕业后在出版社任职，2001 年起脱离出版社独立。参与爬行、两栖动物专业杂志《 爬行者》和《 爬行、两栖动物图鉴指南》《 爬行、两栖动物饲养指南》《 爬行、两栖动物初学者指南》《 爬行、两栖动物完美指南》等系列图书，以及《 爬行、两栖动物大图鉴 1000 种》《 日本爬行、两栖动物饲养图鉴》《 爬行、两栖动物饲养环境打造方法》《 更多爬行者》《 世界爬行动物图鉴》(诚文堂新光社)、《 爬行、两栖动物 1800 种图鉴》(三才 BOOKS)、《 生态缸之书 蛙的育养缸》(文一综合出版) 等多部书籍、杂志的制作。

协助 鱼相川贡造、AquaCenote、aLiVe、淡岛 Marine Park、WOODBELL、HBM、ENDLESS ZONE、ORYZA、加藤学、神畑养鱼、Candle、草津热带圈、Crazy Geno、小家山仁、斋藤清美、Shainshippu、Japan Reptiles Show、高田爬行类研究所冲绳分室、Dinodon、动物共和国 woma+、友永达也、永井浩司、中村友美、热带俱乐部、Nuance、爬行类俱乐部、B·BOX Aquarium、V-house、Pumilio、BURIKURA 市场、松下亮、松村忍、Maniac Reptiles、Remix BEPONI 、Rep Japan、Reptile Shop、Wild Sky、H 先生

256

世界两栖动物图鉴